乡村振兴战略·浙江省农民教育培训用书

远洋业务

浙江省农业农村厅　组编

浙江科学技术出版社

图书在版编目（CIP）数据

远洋业务．渔船 / 浙江省农业农村厅组编．-- 杭州：
浙江科学技术出版社，2022.4
乡村振兴战略·浙江省农民教育培训用书
ISBN 978-7-5739-0024-1

Ⅰ．①远… Ⅱ．①浙… Ⅲ．①远洋渔业－海洋捕捞－
农民教育－教材 Ⅳ．①S977
中国版本图书馆CIP数据核字（2022）第059817号

从书名 乡村振兴战略·浙江省农民教育培训用书
书 名 远洋业务（渔船）
组 编 浙江省农业农村厅

出版发行 浙江科学技术出版社
杭州市体育场路347号 邮政编码：310006
编辑部电话：0571-85152719
销售部电话：0571-85176040
网址：www.zkpress.com
E－mail：zkpress@zkpress.com
排 版 杭州万方图书有限公司
印 刷 浙江新华数码印务有限公司
经 销 全国各地新华书店

开 本 710×1000 1/16 印 张 11
字 数 166千字
版 次 2022年4月第1版 印 次 2022年4月第1次印刷
书 号 ISBN 978-7-5739-0024-1 定 价 63.00元

责任编辑 詹 喜 文字编辑 李羡然
责任校对 张 宁 责任美编 金 晖
责任印务 叶文炀

《远洋业务（渔船）》
编写人员

主　　编　胡波华

副 主 编　洪汉波

编　　写（按姓氏笔画排序）
申屠靖凡　李永生　李劲松　邵平方　胡波华
洪汉波　谢加洪

统　　稿　胡波华

序言

乡村振兴，人才是关键。习近平总书记指出，“让愿意留在乡村、建设家乡的人留得安心，让愿意上山下乡、回报乡村的人更有信心，激励各类人才在农村广阔天地大施所能、大展才华、大显身手，打造一支强大的乡村振兴人才队伍”。2021年，中共中央办公厅、国务院办公厅印发了《关于加快推进乡村人才振兴的意见》，从顶层设计上为乡村振兴的专业化人才队伍建设做出了战略部署。

一直以来，浙江始终坚持和加强党对乡村人才工作的全面领导，把乡村人力资源开发放在突出位置，聚焦引、育、用、留、管等关键环节，启动实施“两进两回”行动、十万农创客培育工程，持续深化千万农民素质提升工程，培育了一大批爱农业、懂技术、善经营的高素质农民，造就了一大批扎根农村创业创新的“乡村农匠”“农创客”，乡村人才队伍结构不断合理、素质不断提升，有力推动了浙江省三农工作持续走在前列。

当前，三农工作重心已全面转向乡村振兴。打造乡村振兴示范省，促进农民农村共同富裕，比以往任何时候都更加渴求人才，更加迫切需要提升农民素质。为适应乡村振兴人才需要，扎实做好农民教育培训工作，浙江省委农办、浙江省农业农村厅、浙江省乡村振兴局组织省内行业专家和权威人士，围绕种植业、畜牧业、海洋渔业、农产品质量安全、农业机械装备、农产品直播、农家小吃等方面，编写了“乡村振兴战略•浙江省农民教育培训用书”。

本套丛书既围绕全省农业主导产业，包括政策体系、发展现状、市场前景、栽培技术、优良品种等内容；又紧扣农业农村发展新热点、新趋势，包括电商村播、农家特色小吃、生态农业沼液科学使用等内容，覆盖广泛、图文并茂、通俗易懂。相信本套丛书的出版，不仅可以丰富充实浙江农民教育培训教学资源库，全面提升全省农民教育培训效率和质量，更能为农民群众适应现代化需要，练就真本领、硬功夫，赋能添彩。

浙江省委农办主任
浙江省农业农村厅厅长 王通林
浙江省乡村振兴局局长
2022年3月

前言

为了进一步提升农民科技文化素质，全力推进乡村振兴和农业绿色发展，浙江省农业农村厅组织编写了“乡村振兴战略·浙江省农民教育培训用书”丛书。

《远洋业务（渔船）》是丛书的一个分册，是在浙江省农业农村厅渔业渔政渔港管理处的指导下，由具有多年教学经验和渔船实践经验的教师编写。本书按照《农业部办公厅关于印发渔业船员考试大纲的通知》（农办渔〔2014〕54号）中关于渔业船员理论考试大纲和实操评估的要求，结合《全国渔业船员培训统编教材》和浙江省远洋渔业船舶特点进行编写，全面突出问题导向和需求导向，注重实效，旨在提高远洋渔业职务船员技术水平和法律意识，预防和避免涉外事件的发生。本书适用于远洋渔业船舶驾驶人员的培训、考试和学习，也可作为远洋渔业船员上船工作的参考书。

本书共有两编。第一编主要由浙江海洋大学胡波华编写；第二编主要由舟山航海学校洪汉波编写。全书由胡波华统稿。

本书在编写、出版工作中得到浙江省农业农村厅渔业渔政渔港管理处、浙江省海洋渔业船舶交易服务中心等单位的大力支持，在此表示衷心的感谢！

由于编者经验及水平有限，书中难免存在不足之处，敬请读者批评指正。

编者

2022年3月

目录

第一编　公约与法规

第一章　有关远洋渔业的国际公约与管理制度

第二章　有关远洋渔船的国际公约和管理制度

第三章　其他有关规定

第二编　航海与气象

第一章　时间

第二章　英版海图

第三章　航海图书资料

第四章　国际浮标系统及大洋航行

第五章　气象学基础

第六章　船舶气象信息

第一编

公约与法规

第一章　有关远洋渔业的国际公约与管理制度

本章要点：《联合国海洋法公约》《促进公海渔船遵守国际养护和管理措施的协定》《区域性渔业管理组织及其相关制度》《打击IUU捕捞国际行动计划》《执行协定》(《联合国鱼类种群协定》)的相关措施、《港口国措施协定》相关内容及国际渔业组织保护鲨鱼、海龟、海鸟等有关规定。

第一节　《联合国海洋法公约》基本知识

一、内水及其渔业管理

内水是位于一国领海基线向陆地方向一侧的海域，包括海峡、海湾、海港、河口等。

（一）内水的法律地位

内水是国家领土的组成部分，它同国家陆地领土一样受国家主权的支配和控制。所有资源属沿海国所有。其法律制度应属国内法，由国家制定和实施。

任何外国船舶未经沿海国批准不得驶入。任何外国船舶经沿海国批准后，进入其内水，必须遵守沿海国的法律、规章和制度，处于沿海国的领土主权管辖之下。

(二)港口制度

沿海国有权选择一些港口对外国开放，也有权取消某一港口对外国开放，以及有权制定外国船舶进出港口的规章制度。

外国船舶因遇难、遇险或运送伤病员等需要驶入有关国家港湾避难、抢险等，或进入对方内水，同样需经沿海国同意，并遵守其港口制度。有关港口制度和港湾避难的注意事项主要有以下几点。

(1)进港前必须按规定向对方国家提出申请，办理手续，经批准才能进入。

(2)紧急避难一般应在对方指定的锚地锚泊，不进入港口。锚泊后无特殊情况，不得转移锚地。如因风浪过大，确有困难，可向对方请求调整锚地。

(3)如需进港，必须按港区规定，遵守有关航道、航速、悬挂旗帜、信号等规定。

(4)进港后应向航行主管部门办理有关手续，接受对方的港务监督、卫生、海关、移民等方面的检查。

(5)在港湾避风时，船舶之间不得相靠，不得转移任何物品、上下货物和人员。

(6)在港湾避风时，应注意对方的有关设施，让开航道。

(7)在港内和港湾都应保护港区水域环境，防止污染，包括生活污水排放、油料和其他废物的倾倒等。

(8)离港前，应向对方报告，并接受对方的检查。

(9)即使在港湾指定锚地避风或进港，虽未经检查，但在离港前也应向对方报告离港时间。

总之，进入对方港口或港湾都必须根据对方国家的规定办理进出港的手续，在港内应遵守对方的各项规定。

(三)内水的渔业管理

由于内水是国家领土的组成部分，其所有资源属沿海国所有，在渔业管理上，沿海国拥有专属管辖权。

（1）外国渔船未经沿海国批准不准驶入其内水，更不准在其内水从事任何捕鱼活动；否则沿海国可根据其法律规定给以严惩，行使司法程序，包括罚款、没收渔获物、渔具和渔船，对有关人员予以判刑等。必要时，可动用军用船舶或政府公务船行使紧追权。

（2）外国渔船经沿海国批准驶入其内水，或进入对方港口或港湾避风时，沿海国对船上的渔具存放都作出严格的规定，包括不准移动渔具，拖网渔具应将网板、钢索和网具分离，并捆扎。光诱鱿钓作业，不得开启集鱼灯、运转钓机等。如违反有关规定，沿海国有权按其法律规定予以处罚。

二、领海及其渔业管理

领海是位于一国领海基线向海方向一侧，并具有一定宽度的长带状海域。

（一）领海宽度

根据《联合国海洋法公约》的规定，领海宽度从领海基线算起不超过12n mile[①]。中国、日本、俄罗斯、韩国、朝鲜等国家的领海宽度都是12n mile，但也有的国家领海宽度小于12n mile，有的国家超过12n mile，但是超过12n mile的主张并没有得到《联合国海洋法公约》的承认。

（二）领海的法律地位

根据《联合国海洋法公约》的规定，国家主权及于领海的上覆水域外，还“及于领海上空及其海床和底土”。也就是国家主权和其管辖权，不仅在领海的整个水域，还包括领海上面的天空及其海底和海底以下的底土。沿海国对上述领海范围内的自然资源、领海上空的飞越和领海内的航运都具有专属权利，并具有制定和实施有关法律、规章制度的权利等。

① 1n mile = 1.852km。

（三）领海的无害通过

由于海上船舶航行中的特殊情况，会出现通过沿海国领海的情形。如确定的正常和经济的航线，有的需要通过有关国家的领海；进出对方国家港口，必须通过其领海等。为此，在海洋法确立的领海制度中规定了“通过”“无害通过”和“无害通过权”。

（1）“通过”：指船舶“持续不停和迅速进行”。这就是，外国船舶只能按正常航线、正常航速进行航行，不得任意停船、下锚或曲折航行。但是，当船舶发生故障或遇难、不可抗力或救助遇难、遇险人员、船舶或飞机时，才允许停船或下锚。

（2）“无害通过”：指外国船舶在通过沿海国领海时，“不损害沿海国的和平、安全或良好秩序”。公约规定，外国船舶在领海内进行下列12项活动中任何一项活动都应视其通过行为损害了沿海国的和平、安全或良好秩序。

①对沿海国的主权、领土完整或政治独立进行任何武力威胁或使用武力，或以任何其他违反联合国宪章所体现的国际法原则的方式进行武力威胁或使用武力。

②以任何种类的武器进行任何操练或演习。

③以任何目的在于搜集情报使沿海国的防务或安全受损害的行为。

④以任何目的在于影响沿海国的防务或安全的宣传行为。

⑤在船上起落或接载任何飞机。

⑥在船上发射、降落或接载任何军事装置。

⑦违反沿海国海关、财政、移民或卫生法律和规章，上下任何商品、货币或人员。

⑧违反公约规定的任何故意和严重的污染行为。

⑨任何捕鱼活动。

⑩进行研究和测量活动。

⑪任何目的在于干扰沿海国任何通讯系统或任何其他设施的行为。

⑫与通过没有直接关系的任何其他活动。

（3）“无害通过权”：指所有国家，不论是沿海国或内陆国，其船舶均享有无害通过沿海国领海的权利。为了确保沿海国的和平、安全或良好秩序，沿海国可根据《联合国海洋法公约》规定和其他国际法规则制定关于无害通过领海的法律和规章，包括以下几点。

①航行安全和海上交通管理。

②保护助航设备和设施，以及其他设备和设施。

③保护电缆和管道。

④养护海洋生物资源。

⑤防止违反沿海国的渔业法律和规章。

⑥保全沿海国的环境，并防止、减少和控制该环境受污染。

⑦海洋科学研究和水文测量。

⑧防止违反沿海国的海关、财政、移民或卫生的法律和规章。

但是，沿海国应将所有这些的法律和规章妥为公布。行使无害通过领海权利的外国船舶都应遵守上述法律和规章以及防止海上碰撞的国际规章。

对于外国渔船行使无害通过权时，沿海国还会采取一些特殊的规定。比较普遍的是要求船上的所有渔具予以固定位置，不得移动。更不能装卸鱼货或转载鱼货。有的还规定渔船无害通过时应通报船名、船旗国、船舶趋向目的地、船上装载鱼货情况等，必要时应接受对方国家授权官员的检查。

（4）对外国船舶的刑事管辖权。

根据《联合国海洋法公约》规定，沿海国不应对有权通过其领海的外国船舶行使刑事管辖权，但下述情况除外。

①罪行的后果及于沿海国。

②罪行属于扰乱当地安宁或领海的良好秩序的性质。

③船长、或船旗国的外交代表、或领事官员请求地方当局予以协助。

④为取缔违法贩运麻醉品或精神调理物质。

如从内海或港湾驶出、经过领海的外国船舶、或在内海或港湾违反沿海国有关规定，或因碰撞救助等应承担义务或责任，沿海国可对该船加以管辖或扣留。

（5）对外国船舶的民事管辖权。

根据《联合国海洋法公约》规定，沿海国不应为了对通过领海的外国船舶上某人行使民事管辖权而停止其航行或改变其航向；不得为了任何民事诉讼而对该船从事执行或加以逮捕，但对该船通过沿海国水域的航行中而承担的义务或因而负担的责任除外；同时，不妨碍沿海国按其法律为任何民事诉讼在领海内停泊或驶离内水后通过领海的外国船舶从事执行或加以逮捕的权利。

（6）领海的渔业管理。

根据国家领海主权和领海无害通过的规定，任何外国渔船不允许擅自进入领海从事任何捕鱼活动，包括不准过驳鱼货、上下人员。否则，沿海国有权按照其养护海洋生物资源的措施和防止违反沿海国的渔业法律和规章加以管辖。

值得注意的是，目前沿海国对外国渔船通过领海时的管理比一般商船严格。把违反渔业法律规章的行为都视为刑事犯罪，将受到严厉的惩罚，授权官员可逮捕任何被认为已经犯法的人员，扣押渔船。可动用军用船舶或政府公务船行使紧追权，必要时可采用武力。

三、毗连区及其渔业管理

毗连区位于一国领海外并毗连领海的一定宽度的海域。

（一）毗连区的宽度

根据《联合国海洋法公约》规定，毗连区的宽度是从领海基线量起，不超过24 n mile，也就是领海外界线向海方向12 n mile宽度。

（二）毗连区的法律地位

根据《联合国海洋法公约》规定，沿海国在其毗连区内有权行使必要的管制。

（1）防止在其领土或领海内违犯其海关、财政、移民或卫生的法律和规章。

（2）惩治在其领土或领海内违犯上述法律和规章的行为。

由此可见，沿海国在毗连区的管制权力可涉及海关、财政、移民和卫生等。我国颁布的领海及毗连区法中还加上了关于国家安全的管制权力。

（三）毗连区的渔业管理

一般沿海国都划定了专属经济区，由于毗连区在专属经济区内，外国渔船在沿海国毗连区同样不能从事捕鱼活动、上下鱼货和人员等。否则，沿海国有权加以惩罚。

四、群岛国和群岛水域及其渔业管理

群岛国是由群岛或岛屿组成的国家。《联合国海洋法公约》对群岛国、群岛水域等及其渔业管辖权的规定主要有以下几点。

（一）群岛国

群岛国是指全部由一个或多个群岛构成的国家，并可包括其他岛屿。其中群岛是指一群岛屿，包括若干岛屿的若干部分、相连的水域和其他自然地形，彼此密切相关，以致这种岛屿、水域和其他地形在本质上构成一个地理、经济和政治实体，或在历史上已被视为这种实体。

（二）群岛水域的确定

群岛国可将群岛最外缘各岛和各干礁的最外缘各点，用直线连接成群岛基线。群岛基线所包围的水域称为群岛水域。关于群岛基线的长度、走向以及群岛水域内的陆地与水域面积之比等在《联合国海洋法公约》中都有明确的规定（图1-1）。

（三）群岛国的领海、毗连区、专属经济区和大陆架等宽度的测算

群岛国的领海、毗连区、专属经济区和大陆架等的宽度都应从群岛基线量起。也就是在群岛水域外尚可划定领海、毗连区和专属经济区。

（四）群岛国的内水界限的划定

按《联合国海洋法公约》的规定，群岛国可在群岛水域内的入海河口、海湾和港口等用封闭线，划定内水的界限。群岛水域示意图见图1-1。

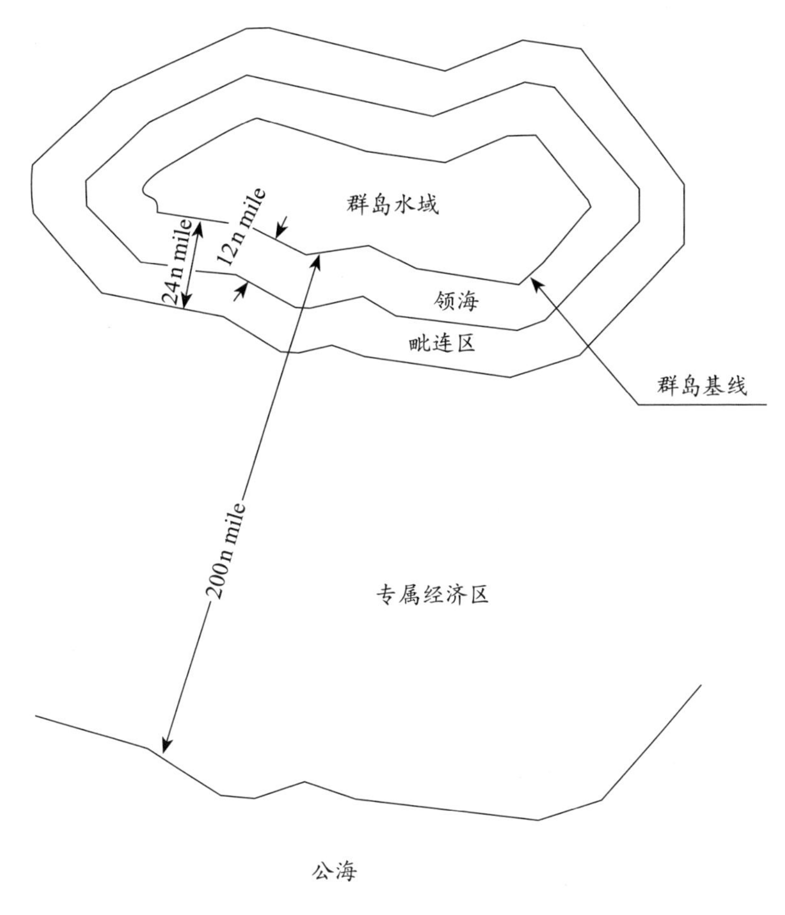

图1-1　群岛水域示意图

（五）群岛水域的法律地位

根据《联合国海洋法公约》的规定，群岛水域法律地位是，群岛国的主权及于群岛水域（不论其深度或距岸的远近）、上空、海床和底土以及其中所包含的资源。但行使该主权受到《联合国海洋法公约》第四部分群岛国的规定所限制，主要是以下几方面。

（1）群岛国可在群岛水域内指定适当的海道和其上的空中航道，所有船舶和飞机均享有在该海道和其上的空中航道内的“群岛海道通过权”，但其通过和飞越应是持续不断和迅速进行。通过和飞越群岛海道和空中航道时不应偏离其中心线25n mile以外。

（2）所有船舶和飞机除上述的“群岛海道通过权”的限制外，均享有通过群岛水域的无害通过权。在形式上或事实上不加歧视条件下，群岛国可在正式公布后，暂时停止外国船舶在其群岛水域的特定区域内的无害通过权。

（六）群岛水域的渔业管理

根据群岛水域的法律地位，所有国家不得进入该水域从事捕鱼活动。但考虑到现有协定和直接相邻国家原在群岛水域内的捕鱼权利和其他合法活动，规定了群岛国应尊重与其他国家间的现有协定，并应承认直接相邻国家在群岛水域内的某些区域中的传统捕鱼权利和其他合法活动。有关权利和活动的性质、范围和适用的区域应与有关国家之间通过双边协定加以规定。但这类权利不应转让给第三国或其国民，或与第三国、或其国民分享。

关于群岛国的领海、毗连区和专属经济区的管辖权与沿海国相同。

五、专属经济区及其渔业管理

专属经济区是领海以外邻接领海，实施特定法律制度的一个水域。这是20世纪40年代后期以来发展中的沿海国在海洋法斗争中的一个焦点，并成为《联合国海洋法公约》中一项最新的重要海洋法制度。

（一）专属经济区的宽度

从领海基线量起不超过200n mile。除去领海宽度12n mile，专属经济区的实际宽度为188n mile。

（二）专属经济区的法律制度

根据《联合国海洋法公约》的规定，沿海国在专属经济区内的权利和管辖权有以下几方面。

（1）沿海国享有以勘探和开发、养护和管理海床、底土和其上覆水域的自然资源（生物资源和非生物资源）为目的的主权权利以及在该区域内从事经济性开发和勘探（如利用海水、海流和风力生产能等其他活动）的主权权利。

（2）沿海国对该区内人工岛屿、设施和结构的建造和使用，海洋科学研究，海洋环境保护和保全行使管辖权。

（3）《联合国海洋法公约》规定的其他权利和义务。其他所有国家，不论是沿海国或内陆国，在专属经济区内享有航行自由、飞越自由和铺设海底电缆与管道的自由，以及有关公约中公海部分和其他国际法的有关规定，只要与专属经济区部分的有关规定不相抵触，都适用于专属经济区，但应适当顾及沿海国的权利和义务。

由此可见，在专属经济区内包括渔业资源在内所有自然资源都属于沿海国，未经沿海国许可，任何国家都不准在其专属经济区开发利用其自然资源。

（三）海岸相向或相邻国家之间专属经济区界限的划定

由于专属经济区宽度较大，有关的海岸相向或相邻国家之间有可能需要进行专属经济区的界限划定，但在这些国家之间专属经济区的界限划定时，都存在着政治、经济、社会等复杂问题。根据《联合国海洋法公约》的规定，“海岸相向或相邻国家之间专属经济区界限，应在《国际法院规约》第三十八条所指国际法的基础上以协议划定，以便得到公平解决”，不是一定要按等距离线或中间线进行划定。同时，还规定在达成协议前，“有关各国应基于谅解和合作的精神，尽一切努力做出实质性的临时安排，并在此过渡期间不危害或阻碍最后协议的达成。这种安排应不妨碍最后界限的划定”。中日、中韩渔业协定在性质上是专属经济区界限的划定以前，双方作出的临时安排。

（四）专属经济区内的渔业管理

其他国家未经沿海国同意，不准进入沿海国专属经济区内从事捕捞活动。按《联合国海洋法公约》的规定，为了最适度地利用专属经济区内渔业资源，其他国家应与沿海国通过协议，允许其捕捞可捕量中的剩余部分。但是，其他国家必须根据《联合国海洋法公约》中第六十二条的规定，遵守沿海国的法律和规章中所制订的养护措施、其他条款和条件。这些规章应符合《联合国海洋法公约》，涉及的事项有以下几点。

（1）发给渔民、渔船、捕鱼装备以执照，包括交纳规费及其他形式的报酬，对发展中的沿海国而言，这种可包括有关渔业的资金、装备和技术方面的适当补偿。

（2）规定可捕鱼种和确定渔获量限额。

（3）规定禁渔期和禁渔区，可使用渔具的种类、大小和数量，渔船的种类、大小和数量。

（4）确定可捕鱼类和其他鱼种的年龄和大小。

（5）规定渔船应提交的资料，包括渔获量和捕捞努力量统计和船位的报告。

（6）在沿海国授权和控制下进行渔业研究计划，包括渔获物抽样、样品处理，并提供科学报告。

（7）沿海国配置观察员或受训人员上船。

（8）在沿海国港口卸下全部或部分渔获量。

（9）举办合资企业和其他合作安排的条款和条件。

（10）对人员培训和渔业技术转让的要求。

（11）执行程序。

事实上，目前有关沿海国所颁布的专属经济区法令中的渔业管理规定大多都按上述内容加以具体化。但是，双方在签订协议时，也有可能另作规定。

（五）沿海国对其专属经济区内在渔业管理上执行程序

按《联合国海洋法公约》的规定，为了确保其法律和规章得到遵守，沿海国在行使主权权利时有权采取必要措施，包括登临、检查、逮捕和进行司法程序。但是，沿海国对被逮捕的船只和船员，在提出适当的保证书或其他担保后，应迅速释放。一般情况下，沿海国可授予渔业执法人员具有较广泛的权力，包括以下几点。

（1）拦截、登临和搜查在专属经济区内的任何外国渔船。

（2）检查船上的渔具、设备、船上渔获物。

（3）要求船长出示许可证、捕捞日志、航海日志和其他证件。

（4）在没有逮捕证时，也可逮捕被认为具有犯罪行为的任何人。

（5）扣留渔船、设备、运输工具、渔具等。

（6）扣留或没收非法捕捞的渔获物等。

在处罚方面，沿海国有权对违法的外国渔船处以罚款，或没收渔船、渔具、渔获物，或监禁。也可以同时处以罚款、没收和监禁。

（六）关于几种特殊鱼类种群的管理

《联合国海洋法公约》对跨界鱼类种群、高度洄游鱼类种群、溯河产卵种群、降河产卵种群和定居种群等的管理，做出专门的规定。

（1）跨界鱼类种群是指出现在两个或两个以上沿海国专属经济区的，或既出现在专属经济区内又出现在专属经济区外邻接区的鱼类种群。对这类鱼类种群的管理，原则上应分别由有关的沿海国之间，沿海国与捕捞国之间，或通过区域、分区域组织就必要的养护和管理措施达成协议。

（2）高度洄游鱼类种群是指大洋性洄游的鱼类种群。主要有金枪鱼类、鲣鱼、枪鱼类、旗鱼类、箭鱼、秋刀鱼、鲯鳅、大洋性鲨鱼类等。由于这类鱼类种群洄游范围很大，为了确保专属经济区内外的整个区域内的该鱼类种群的养护和促进最适度利用的目标，有关沿海国和捕捞国应通过国际组织进行合作。如该区域内无适当的国际组织，有关沿海国和捕捞国应合作设立这类组织，并参加其工作。

鉴于上述两项的规定，联合国大会曾于1995年8月通过、并于2001年12月正式生效的《执行1982年12月10日〈联合国海洋法公约〉有关养护和管理跨界鱼类种群和高度洄游鱼类种群的规定的协定》（以下简称《执行协定——UNIA（联合国鱼类种群协定）》）中做出具体的规定。

（3）溯河产卵种群是指该种群在海洋中生长到一定程度后，洄游到其母鱼产卵的河中产卵。其孵化后的幼鱼重新游回海中生长。溯河产卵种群源自其河流的国家，称为鱼源国。由于鱼源国为了养护溯河产卵种群，必须采取措施，保护其河流生态环境。为此，《联合国海洋法公约》规定鱼源国和其他有关国家应就执行专属经济区外的溯河产卵种群达成协议。溯河产卵种群洄游入或通过鱼源国以外国家的专属经济区内的，该国在养护和管理溯河产卵种群方面应与鱼源国合作。目前，有关溯河产卵种群鱼源国与有关国家大多签署有关协定进行养护和管理。

（4）降河产卵种群是指该种群在海洋中产卵，其孵化后的幼鱼重新游回河流中生长。该鱼种不论是幼鱼或成鱼，洄游通过另一国的专属经济区的，上述国家之间应就该种群的管理，包括捕捞进行合作。

六、大陆架及其渔业管理

大陆架是指沿海国的领海外依其陆地领土的全部自然延伸，扩展到大陆边外缘的海底区域的海床和底土。也就是大陆架仅指沿海国的陆地领土向海方向的自然延伸，限于海底部分。如上述宽度从领海基线算起距离不到200n mile，则应扩展到200n mile的距离。

（一）沿海国对大陆架的权利

根据《联合国海洋法公约》的规定，沿海国为勘探大陆架和开发其自然资源的目的行使主权权利，其自然资源包括海床和底土的矿物和其他非生物资源，以及属于定居种的生物。但不影响其他国家在其上覆水域及上空具有的法律地位。

（二）大陆架的渔业管理

根据上述的规定，沿海国仅对大陆架上的定居种生物具有勘探和开发为目的的主权权利。定居种生物是指在可捕捞阶段在海床上或海床下不能移动或其躯体须与海床或底土保持接触才能移动的生物。典型的有贝类、藻类、底栖生物等。任何其他国家未经沿海国的同意都不得从事此类的渔业活动。

七、公海及其渔业管理

根据《联合国海洋法公约》的规定，公海不包括国家的领海、内水、专属经济区或群岛水域等在内的全部海域。

（一）公海的法律地位

公海对所有国家，无论是沿海国或内陆国都开放。任何国家不得将公海的任何部分置于其主权之下。公海自由成为国际海洋法的基本原则之一，也是公海制度的核心。公海自由的含义包括以下几点。

（1）不论沿海国或内陆国都有利用公海的权利；但公海只应用于和平目的。

（2）在国际法规则规定条件下，各国利用公海的权利是平等的。

（3）对公海自由原则的侵犯，是违反国际法的行为。

（二）公海自由的内容

《联合国海洋法公约》规定的公海自由包括以下几点。

（1）航行自由。

（2）飞越自由。

（3）铺设海底电缆和管道自由。

（4）建造人工岛屿和其他设施的自由。

（5）捕鱼自由。

（6）科学研究自由。

（三）船旗、船旗国和船舶国籍

船旗是指船舶所悬挂的国旗，一般称为旗帜；船旗国是指船舶所悬挂的国旗的国家；船舶国籍是指船舶注册和登记的国家并颁发其证书。

在正常的情况下，这三者应该一致的。即本国的船舶应取得该国的国籍，悬挂本国的国旗，被悬挂的国旗的国家应是该船的船旗国。但是，有些国家允许外国船舶予以登记，有些船舶为了逃避本国的严格管理，在别国进行登记，产生了“方便旗”的问题，使船舶与船旗国之间没有真正联系。事实上，这类船旗国不对该船实施真正的管辖和控制。国际上反对“方便旗”，并规定任何船舶只允许悬挂一个国家的国旗，使国家和船舶之间具有真正的联系。除船舶所有权确实已转移或变更登记外，在航行或港内都不得更换其旗帜。悬挂两国或两国以上旗帜航行并视方便而换用旗帜的船舶，任何其他国家都不得主张其中的任一国籍，并可视同无国籍船舶。

所谓无国籍船舶是得不到船旗国保护和管辖的，任何国家军舰或政府公务船都可登临和检查，必要时可扣押等。

（四）船旗国的义务

根据《联合国海洋法公约》的规定，船旗国“应对悬挂该国旗帜的船舶有效地行使行政、技术及社会事项上的管辖和控制”，并根据其国内法对该船及其船长、高级船员和船员行使管辖权。为了保证海上安全，各船旗国都应采取必要措施。

（1）船舶的构造、装备和适航条件。

（2）船舶的人员配备、船员的劳动条件和训练。

（3）信号的使用、通信的维持和碰撞的防止。

（4）定期检验船舶，船上备有必要的海图、航海出版物和航行仪器。

（5）配备合格的船长和高级船员，足够的合格船员。船长和高级船员都应熟悉和遵守海上人命安全、防止碰撞、控制海洋污染和维持无线电通信的有关国际规章。

（6）船旗国有责任负责调查其船舶与别的国家船舶因海难或航行事故

造成对方国民死亡或严重伤害，或对对方船舶、设备或海洋环境造成严重伤害的每一事件。

（五）海上救助的义务

船旗国应责成其船长，在不严重危及其船舶、船员或乘客的情况下，应负有海上救助的义务。

（1）救助在海上遇到的任何有生命危险的人。

（2）如果得悉有遇难者需要救助的情况，尽可能从速前往拯救。

（3）碰撞后，对对方船只、船员和乘客应予救助，并向对方通报自己船名、船籍港和下一个停泊港。

尚须注意的是，一般在港内发生海损事故，应在24h内将海事报告送交港口主管部门。如在公海或其他海域发生海损事故，发生海损事故的船舶应在到达第一港口后的48h内将海事报告送交该港口主管部门。

（六）登临权

根据公海自由的原则，船舶在公海的管辖应是船旗国专属管辖。登临权是指任何国家的军舰、军用飞机、或经正式授权并有明显标识的政府公务船对犯有国际罪行或违反有关国际法行为的船舶，具有靠近或登临该船进行检查的权利。根据《联合国海洋法公约》的规定，可被登临的是限于以下几点。

（1）该船从事海盗行为。

（2）该船从事奴隶贩卖。

（3）该船从事未经许可的广播。

（4）无国籍船舶。

（5）该船虽悬挂外国旗帜或拒不展示其旗帜，而事实上却与该军舰属同一国籍嫌疑时。

如果登临检查后，依据不充分或被登临船舶未从事上述嫌疑的行为，应对该船可能遭受的任何损失或损害予以赔偿。

应该注意的是，1995年8月联合国大会通过的《联合国鱼类种群协定》

中规定，分区域或区域渔业管理组织的缔约国正式授权的检查官，有权登临和检查该分区域或区域海域内的有关渔船，包括非缔约国渔船。

（七）紧追权

紧追权是指沿海国主管当局认为外国船舶在其内海、领海或毗连区、专属经济区、大陆架等国家管辖范围内，违反其法律或规章时，具有对该外国船舶进行追逐的权利。

行使紧追权必须是军舰、军用飞机或经授权并有明显标识的政府公务船。追逐前必须向对方船舶在其视觉、听觉所及距离内，发出视觉、听觉的停驶信号。如对方船舶仍不停船，才可追逐。追逐必须从追逐国的内海、领海、毗连区或专属经济区内开始，应持续不断地追逐，直至公海。但该被紧追船舶进入其本国领海或第三国领海时，追逐应立即终止。如追逐过程中，中断追逐，紧追权也即终止。

在无正当理由行使紧追权，或在领海外被命令停驶或被逮捕的船舶，对此造成的任何损失或损害应予以赔偿。

（八）公海渔业的管理

根据公海自由的原则，所有国家都有权由其国民在公海上捕鱼的自由，但所有国家都应承担《联合国海洋法公约》规定的义务，均有义务为其国民采取，或与其他国家合作采取养护公海生物资源的必要措施，包括设立分区域或区域渔业组织。《执行协定》对公海渔业的管理做出了一系列新的规定。具体内容拟在下面《执行协定》中阐述。

第二节　《促进公海渔船遵守国际养护和管理措施的协定》相关内容

1993年11月，联合国粮农组织第27届大会通过《促进公海渔船遵守国际养护和管理措施的协定》（本节中简称《协定》）。2003年4月24日，《协定》正式生效。目前我国尚未加入该《协定》。

一、协定的基本框架和适用范围

（一）《协定》宗旨和基本框架

《协定》的宗旨，是为了加强各缔约国对从事公海捕捞作业船舶的管理，要求各国按照国际法采取有效行动，对渔船进行有效管辖和控制，防止利用改挂船旗或挂“方便旗”等手段，规避遵守国际间已达成的有关养护和管理公海生物资源的措施。

《协定》文本包括一个序言和正文十六条，主要对船旗国在加强公海捕捞渔船的授权悬挂旗帜、捕捞许可、渔船标识等方面的责任以及建立渔船档案、加强国际合作、渔船信息交流等方面进行了规定。

（二）《协定》的适用范围

针对所有在公海从事商业性捕捞、船舶长度不小于24m的渔业船舶，包括母船和直接从事公海商业性捕捞的其他任何船舶。对于船舶长度小于24m的渔业船舶，应由缔约方明确这种船舶不会有损于协定的目标和宗旨时，方可豁免。

二、《协定》的主要内容

《协定》的核心内容是在《联合国海洋法公约》所建立的公海渔业制度

的基础上，强化船旗国在促进公海渔船遵守国际养护和管理措施的责任，重点是船旗国对公海渔业船舶的管理。同时，要求船旗国就公海渔船档案信息开展国际间的信息交流，并加强对公海渔船监管方面的国际合作。

（一）船旗国的责任

1. 确保公海渔船遵守国际养护和管理措施

《协定》要求每一个缔约方都必须采取有效的管理措施，以确保授权悬挂其旗帜的渔船不从事损害国际养护和管理措施的活动，否则，就不予以授权挂旗。

2. 公海捕捞许可制度

《协定》要求每一个缔约方，都应对悬挂其旗帜从事公海捕捞的渔船建立许可制度，未经许可的渔船不得从事公海捕捞；经过许可在公海上进行捕捞的渔船应按照授权规定的条件进行捕捞。

在进行公海捕捞许可时，缔约方必须确保有权悬挂其旗帜的渔船与该缔约方之间的现有关系，能够使该缔约方对该渔船有效地履行《协定》所规定的义务。否则，缔约方就不应许可该渔船用于公海捕捞。

如果一艘渔船曾经在另外一个缔约方注册登记，而且从事过损害国际养护和管理措施的行为，缔约方就不应许可该渔船到公海上进行捕捞。但是，如果另一个缔约方对该渔船的公海许可已经期满失效，或者该渔船在过去3年内未曾被另一缔约方撤销其公海捕捞许可，或者缔约方确信有能力确保该渔船不会再有损害国际养护和管理措施的行为，则可例外。

3. 建立渔船标识

缔约方应确保被许可的渔船具有国际公认的渔船标识，例如《粮农组织渔船标志和识别标准规格》所建立的标准，以便于在公海上随时能够识别。

4. 采取严厉的制裁措施

一旦被许可的渔船违反《协定》条款，缔约方应采取强制措施加以严厉制裁，包括剥夺违反者的非法所得，足以有效地确保遵守本协定。

对严重违规的公海渔船应拒绝授予、中止或撤销其被许可从事公海捕鱼的资格。

（二）公海渔船档案和信息交流制度

1．渔船档案

缔约方应对悬挂其旗帜并获得许可从事公海捕捞的渔业船舶，建立渔船档案，并要确保所有这种渔业船舶全部登记入档。

2．渔船信息交流

每一缔约方均应随时向联合国粮农组织提供公海渔船档案中的各渔船的有关资料。包括渔船名、登记号、原名（如有）和登记港；原船旗（如有）；国际无线电呼号（如有）。

船主或船主们的姓名和地址，建造地点和时间，船舶类型和长度。

缔约方还应尽可能提交以下信息：经营者（经理）姓名和地址，捕捞方法类别，型深，型宽，登记总吨位，主机或其他发动机的功率。

上述所有信息如有变更，应及时通报联合国粮农组织。缔约方对渔船档案的任何补充和删除应立即通报联合国粮农组织，包括：船主或经营者自愿放弃或不再延长捕捞权，因严重违反本协定而撤销有关渔船捕捞权，有关渔船已无权再悬挂其船旗等。

3．国际合作

（1）信息交流合作。缔约方之间应交换有关渔业船舶活动的信息（包括违规捕鱼行为的证据材料），以协助船旗国调查从事损害国际养护和管理措施活动的悬挂该国船旗的渔船。

（2）港口国的责任。对自愿进入某一缔约方港口的渔船，如果港口国有理由认为该船从事了损害国际养护和管理措施的活动，应立即通知其船旗国；港口国可采取必要的调查措施，以查明该船是否确实违反本协定规定。

（3）非缔约方合作。鼓励非缔约方接受本协定，并鼓励根据本协定规定制定国内法。以符合国际法的方式促使悬挂非缔约方船旗的渔船不从事损害国际养护和管理措施的活动。各缔约方应直接或通过粮农组织，相互交换有关悬挂非缔约方船旗的渔船损害国际养护和管理措施的活动情况。

（4）缔结合作协定。《协定》还要求，如果有必要，各缔约方应酌情在全球、区域、分区域或双边基础上，缔结合作协定或作出互助安排，以便促进实现协定的目标。

第三节 《执行协定》（《联合国鱼类种群协定》）相关内容

《执行〈联合国海洋法公约〉有关养护和管理跨界鱼类种群和高度洄游鱼类种群的规定的协定》（简称《执行协定》），又称《联合国鱼类种群协定》，于1995年8月在联合国关于跨界鱼类种群和高度洄游鱼类种群会议上通过，于2001年12月11日起生效。该协定的内容极大地完善了《联合国海洋法公约》有关跨界鱼类种群和高度洄游鱼类种群的养护和管理制度，特别是公海上有关这些鱼类种群的养护与管理制度，对公海渔业管理的实施具有十分重大的影响。从国际渔业管理实践的角度来看，该协定的签署和生效，进一步推动着传统公海捕鱼自由时代的结束，使公海渔业进入全面管理时代。

一、《执行协定》基本框架和适用范围

（一）协定的宗旨与基本框架

《执行协定》的宗旨是通过有效执行《联合国海洋法公约》的有关规定，确保跨界鱼类种群和高度洄游鱼类种群的长期养护和可持续利用，通过加强和改善船旗国、沿海国和港口国之间的国际合作，使有关跨界鱼类种群和高度洄游鱼类种群的养护和管理措施得到更有效的执行。

为上述目的，协定的全部内容包括正文的13个部分共50条和两个附件。正文的13个部分是：一般规定、跨界鱼类种群和高度洄游鱼类种群的养护和管理、关于跨界鱼类种群和高度洄游鱼类种群的国际合作机制、非成员与非参与方、船旗国的义务、遵守与执法、发展中国家的需要、和平

解决争端、非本协定缔约方、诚意和滥用权利、赔偿责任、审查会议、最后条款。两个附件分别为：收集和分享数据的标准规定、在养护和管理跨界鱼类种群和高度洄游鱼类种群方面适用预防性参考点的准则。

（二）协定的适用范围

《执行协定》主要适用于国家管辖范围外的跨界鱼类种群和高度洄游鱼类种群的养护和管理，但协定中的个别条款也适用于国家管辖范围内的这些鱼种的养护和管理。这里的鱼类包括了海洋软体动物和甲壳动物。

二、协定的主要内容

《执行协定》的基本目标是通过有效执行《联合国海洋法公约》有关规定以确保跨界鱼类种群和高度洄游鱼类种群的长期养护和可持续利用。为此，协定的主要内容是改善各国之间的合作，要求船旗国、港口国和沿海国更有效地执行为跨界鱼类种群和高度洄游鱼类种群所制定的养护和管理措施。其中最重要的是，在进一步强调了船旗国的责任和义务的基础上，重点强化和发展了分区域或区域渔业管理组织和“安排”的功能和作用，并对通过各种级别的国际渔业管理组织或“安排”以收集和共享渔业数据进行了详细、具体的规定。同时，协定建立了具有实际操作性的公海渔业监测、管制、监督和执法的国际合作体系，而这种国际执法合作也主要是分区域或区域渔业管理组织或“安排”框架下的执法合作。

归纳起来，协定内容主要包括以下方面：预防性做法的适用；以生态系统为基础的管理；养护和管理措施的互不抵触；发展和使用有选择性渔具；强调船旗国的责任和义务；强化区域或分区域渔业管理组织和“安排”的功能和作用；考虑发展中国家的特殊需要；及时收集和共用完整的捕鱼活动数据；加强有效的监测、管制、监督和执法，以实施和执行养护管理措施。

（一）有关预防性做法的适用方面的内容

《执行协定》规定，“各国对跨界鱼类种群和高度洄游鱼类种群的养护、管理和开发，应广泛适用预防性做法，以保护海洋生物资源和保全海洋环

境”，要求“各国在资料不明确、不可靠或不充足时应更为慎重。不得以科学资料不足为由而推迟或不采取养护和管理措施”。协定在附件中规定了适用预防性参考点的准则有两个：制订标准和准则的适用。

关于预防性做法的适用，协定进一步规定：如果目标种或非目标种或相关或从属种的状况令人关注，各国应根据新的资料定期修订这些措施；对新渔业或试捕性的渔业，各国应尽快制定审慎的养护和管理措施，其中应特别包括渔获量与努力量的极限，在有足够的数据以支撑就该渔业对种群的长期可持续能力的影响进行评估前，这些养护和管理措施应始终具有效力。其后，则应执行以这种影响评估为基础的养护和管理措施。如果某种自然现象对跨界鱼类种群和高度洄游鱼类种群的资源状况有重大的不利影响，各国应紧急采取养护和管理措施，以确保捕鱼活动不致使这种不利影响更趋恶化；当捕鱼活动对这些种群的可持续能力造成严重威胁时，各国也应紧急采取这种养护与管理措施。

（二）有关强调船旗国的责任和义务方面的内容

国际渔业法规发展的一个普遍趋势，就是要求船旗国在海洋生物资源的养护和管理中承担更多的责任，履行更多的义务。《执行协定》规定了要求船旗国应履行的详细、具体的责任和义务。包括以下几点。

1.相应措施

船旗国为确保船只遵守协定应有相应措施。公海捕鱼国应采取可能必要的措施，确保悬挂本国旗帜的船只遵守分区域或区域养护和管理措施，并确保这些船只不从事任何破坏这些措施的活动。

2.船旗国对船只负责

国家必须能够对悬挂本国旗帜的船只负责，只有能切实执行《联合国海洋法公约》和《执行协定》的船只，方可准其用于公海捕鱼。

3.船旗国的具体措施

船旗国应对悬挂本国旗帜的船只采取的措施主要包括以下几点。

（1）采用捕捞许可证、批准书或执照等办法在公海上管制这些船只。

（2）建立规章，禁止未经正式许可或批准的船只在公海捕鱼；禁止船只不按许可证、批准书或执照规定的条件在公海捕鱼；规定随船携带许可证、批准书或执照，并在经正式授权人员要求检查时予以出示；确保未经许可的悬挂本国旗帜的船舶不在其他国家管辖区域内擅自捕鱼。

（3）为批准在公海捕鱼的渔船资料建立国家级档案，并规定有关国家利用该档案资料的条件。

（4）根据国际公认的统一渔船和渔具标识系统，对渔船和渔具的标识做出规定。

（5）按照分区域、区域和全球性数据收集的标准，规定记录和及时报告有关渔业数据。

（6）通过观察员方案、检查计划、卸货报告、渔获转载监督、上岸渔获的监测及市场统计的办法，核查目标种和非目标种的渔获量。

（7）监测、管制和监督这些船只的捕鱼作业和有关活动，方式包括：执行国家检查计划及分区域或区域执法的合作办法，规定必须允许经正式授权的其他国家检查员登临检查；执行国家及有关的分区域和区域观察员方案；发展和执行船只监测系统，适当时包括卫星传送系统。

（8）管理公海上的鱼货转载活动，确保养护和管理措施的效力不受破坏。

（9）管理公海捕鱼活动，以确保遵守分区域、区域或全球性措施。

此外，《执行协定》还要求船旗国承担确保悬挂旗帜的船只遵守分区域和区域所规定的养护和管理跨界鱼类种群和高度洄游鱼类种群的措施的责任。为此，不论船只的违法行为发生在何处，船旗国应立即对一切涉嫌的违法行为进行全面调查，并迅速将调查进展和结果报告给提出指控的国家和有关分区域和区域渔业管理组织或“安排”的参与方。船旗国应规定任何悬挂其旗帜的船只向调查当局提供有关资料。如果认为已对涉嫌违法行为掌握足够的证据，应立即将案件送交本国当局，以便毫不延迟地依法律提起司法程序，并酌情扣押有关船只。如果船旗国根据本国法律确定船只在公海上严重违反了养护和管理措施，在执行制裁之前，应确保该船不在公海从事捕鱼作业。船旗国的调查和司法程序应迅速进行，适用于违法行为的制裁应足够严厉，并应剥夺违法者从其非法活动中所得到的利益。

（三）有关加强有效的监测、管制、监督和执法方面的内容

长期以来，公海渔业制度中存在的另一个主要问题就是缺乏有效的监测、管制、监督和执法机制。公海上船旗国管辖原则是国际法的一项基本原则，但仅靠船旗国的管辖很难确保公海渔船遵守生物资源的养护和管理措施。为进行有效的监测、管制、监督和执法，《执行协定》在强调船旗国的责任和义务的同时，增加了分区域和区域的国际执法合作的规定。

1. 公海登临检查的国际合作

按照《执行协定》的规定，在分区域或区域渔业管理组织或“安排”所包括的任何公海区域，作为这种组织的成员国或“安排”的参与方的缔约国，可通过经本国正式授权的检查员，按照协定规定的登临和检查的基本程序，登临和检查《执行协定》任何一方缔约国的渔船，不论被登临的渔船是否为区域或分区域渔业组织或“安排”的成员或参与方的渔船。登临和检查的基本程序由各国通过分区域或区域渔业管理组织或“安排”制定。用于登临和检查的船只应有清楚标志，识别其执行政府公务的地位。

（1）对船旗国的要求。船旗国应确保渔船的船长接受检查员并为其迅速而安全的登临提供方便，对按照规定程序进行的检查给予合作和协助，不得对检查员执行职务加以阻挠、恫吓或干预。此外，船旗国还应确保船长允许检查员在登临和检查期间与船旗国和检查国当局联络，向检查员提供合理设施，包括酌情提供食宿，方便检查员安全下船。

如果船只的船长拒绝接受登临和检查，除根据有关海上安全的公认国际条例、程序和惯例而必须推迟登临和检查的情况外，船旗国应指令船长立即接受登临和检查。如船长不按指令行事，船旗国则应吊销船只的捕鱼许可并命令该船立即返回港口。在这种情况下，船旗国应将其采取的行动通知检查国。

（2）对检查国的要求。检查国应确保经其正式授权的检查员向船只船长出示授权证书，并提供有关的养护和管理措施的文本或根据这些措施在有关公海区生效的条例和规章，在登临和检查时应向船旗国发出通知，在登临和检查期间不干预船长与船旗国当局联络的能力。检查员应向船长和

船旗国当局提供一份关于登临和检查的报告，并在其中注明船长要求列入报告的任何异议或声明。检查结束后未查获任何严重违法行为证据时，检查员应迅速离船。

在这些程序中，还涉及了检查中使用武力的问题："避免使用武力，但为确保检查员安全和在检查员执行职务时受到阻碍而必须使用者除外，并应以必要程度为限，使用的武力不应超过根据情况为合理需要的程度"。

在登临和检查后，若有理由确信该船曾从事任何违反为养护和管理跨界鱼类种群和高度洄游鱼类种群所订立的措施的行为，检查方应酌情搜集证据并将涉嫌的违法行为迅速通知船旗国。船旗国应在收到通知的3个工作日内，对通知做出答复，并应毫不延迟地进行调查。如有充分证据，则应对该船采取执法行动，并将调查结果和任何执法行动迅速通知检查国。或者，船旗国可授权检查方进行调查。

（3）经登临检查发现严重违法行为的处理。如果在登临和检查后有明显理由相信船只曾犯下《执行协定》所指的严重违法行为，且船旗国未在规定时间内做出答复或采取行动，则检查员可留在船上收集证据并可要求船长协助做进一步调查，包括在适当时将船只驶往最近的适当港口，并立即将船只驶往的港口名通知船旗国。检查方应将任何进一步调查的结果通知船旗国和有关组织或有关"安排"的参与方。

这些严重违法行为包括以下几点。

①未有船旗国颁发的有效许可证、批准书或执照进行捕鱼。

②未按照有关分区域或区域渔业管理组织或安排的规定保持准确的渔获量数据与渔获量有关的数据，或违反该组织或安排的渔获量报告规定，严重误报渔获量。

③在禁渔区、禁渔期，或在未有有关分区域或区域渔业管理组织或安排订立的配额的情况下或在配额达到后捕鱼。

④直捕受暂停捕捞限制或禁捕的种群。

⑤使用违禁渔具。

⑥伪造或隐瞒渔船的标志、记号或登记。

⑦隐瞒、篡改或销毁有关调查的证据。

⑧多次违法行为，综合视之构成严重违反养护和管理措施的行为。

⑨有关分区域或区域渔业管理组织或安排订立的程序所可能规定的其他违法行为。

2. 港口国的作用和责任

除了上述船旗国和其他国家的检查外，《执行协定》还规定了港口国在加强有效的监测、管制、监督和执法方面应起的作用。

港口国有权利和义务根据国际法采取措施，提高分区域、区域和全球养护和管理措施的效力，只要港口国在采取这类措施时在形式上或事实上都不歧视任何国家的船只。对自愿进入其港口或停靠其岸外码头的渔船，港口国可登临检查证件、渔具和渔获物。港口国也可制定规章授权有关国家当局在证实其渔获物为在公海上捕获，且违反了分区域、区域或全球养护和管理措施的情况下，禁止其渔获物上岸和转运。

尽管《执行协定》得到了广泛的认可，作为实施该协定主体的分区域和区域国际渔业管理组织也得到极大的发展，但对于协定中的某些条款，特别是海上国际执法合作的条款，由于与传统的国际法基本原则有一定的冲突，仍存在一定的争议。例如，长期以来，公海船舶受船旗国的专属管辖是基本国际法原则，除特殊情况外，在公海上登临外国船舶属于违反国际法的行为。然而《执行协定》却授权分区域或区域组织成员或"安排"参与方的缔约国，可通过经本国正式授权的检查员，登临和检查《执行协定》任何一方缔约国的渔船。对此，在联合国跨界鱼类和高度洄游鱼类会议上引起了激烈的争论。《执行协定》签署时，一些国家对这一问题进行了声明。

我国在签署《执行协定》时，也进行了以下声明。

"……，中国政府认为，船旗国授权检查国采取执法行动涉及船旗国的主权和国内立法，经授权的执法行动，应限于船旗国授权决定所确定的行动方式与范围，检查国在这种情况下的执法行为，只能是执行船旗国授权决定的行为。"

"……只有当经核实被授权的检查员的人身安全，以及他们正当的检查行为受到被检查船上的船员或渔民所实施的暴力危害和阻挠时，检查人员方可对实施暴力行为的船员或渔民，采取为阻止该暴力行为所需的，适当的强烈措施。需要强调的是，检查人员采取的武力行为，只能针对实施暴力行为的船员或渔民，绝对不能针对整个渔船或其他船员或渔民。”

第四节 区域性渔业管理组织及其相关制度

我国的远洋渔业始于1985年，经过30多年的艰苦历程，已取得了显著的成绩。截至2019年底，我国已拥有合法的远洋渔业企业178家，批准作业的远洋渔船2701艘，其中公海作业渔船1589艘，作业区域分布于太平洋、印度洋、大西洋公海和南极海域以及其他合作国家管辖海域，远洋渔业已经成为我国海洋渔业的一个重要组成部分。我国远洋渔业生产的可持续发展，除了与国际渔业资源状态有关外，还与国际渔业组织的管理和约束有关。

中国已加入养护大西洋金枪鱼国际委员会（ICCAT）、印度洋金枪鱼渔业委员会（IOTC）、中西太平洋渔业委员会（WCPFC）、美洲间热带金枪鱼委员会（IATTC）、北太平洋渔业委员会（NPFC）、南太平洋区域渔业管理组织（SPRFMO）、南印度洋渔业协定（SIOFA）、南极海洋生物资源养护委员会（CCAMLR）、区域性渔业管理组织（RFMO）。按照上述区域渔业管理组织要求履行成员义务，并对尚无RFMO管理的部分公海渔业履行船旗国应尽的义务，是确保国际渔业资源可持续利用的需要，也是促进中国远洋渔业在国际渔业管理框架下可持续发展的需要。

为使我国远洋渔业企业管理人员与海上生产者更好地开展相关工作，对全球主要国际渔业管理组织的相关概况及其背景知识进行简要介绍。

（一）南极海洋生物资源养护委员会

南极海洋生物资源养护委员会（Commission for the Conservation of Antarctic Marine Living Resources，CCAMLR）。

1．成立时间

根据CCAMLR公约成立于1982年。

2．管理水域

60° S以南以及60° S和南极辐合带之间的水域，即联合国粮食及农业组织（FAO）的48、58和88渔区。

3．管理鱼种

南极磷虾、南极犬牙鱼等属于南极海洋生态系统的海洋生物资源。

4．成员

有阿根廷、澳大利亚、比利时、巴西、智利、中国、法国、德国、印度、意大利、日本、韩国、纳米比亚、新西兰、挪威、波兰、俄罗斯、南非、西班牙、瑞典、乌克兰、英国、美国、乌拉圭24个国家以及欧盟。中国从2001年起自愿执行该委员会的南极犬牙鱼产地证明书制度。2006年10月加入《南极海洋生物资源养护公约》，2007年10月8日成为南极海洋生物资源养护委员会的正式成员。

5．管理措施

为了对南极磷虾进行养护管理，已采取了预防性的捕捞限额制度。FAO的48海区是南极磷虾的重要捕捞水域。2000年，日本、美国、英国和俄罗斯的调查船在48海区共同进行同步调查，通过评估该海区的南极磷虾资源量为4.429×10^7t，从而推算出该海区南极磷虾的年间预防性捕捞限额为4×10^6t（其他海区因未进行调查，所以预防性捕捞限额未定）。2003—2004年南极磷虾的总渔获量为1.18×10^5t，其中日本居首位为3.4×10^4t，其次是瓦努阿图为2.9×10^4t，韩国为2.5×10^4t，俄罗斯为1.3×10^4t，波兰和美国为9000t，表明南极磷虾还有充分的可捕量。为了南极犬牙鱼的养护管理，对犬牙鱼采取了限额捕捞的措施，例如，2004—2005年犬牙鱼的捕捞限额11752t，其中48海区（大西洋）为3960t，58海区（印度洋）为4167t，88海区（太平洋）为3625t。如今，CCAMLR在管理上最大的难题是，IUU船（非法的、未报告的、不受管制的）对犬牙鱼的非法捕捞，为了杜绝IUU船的非法捕捞，CCAMLR已对犬牙鱼实施产地证明书制度。

(二)南方蓝鳍金枪鱼养护委员会

南方蓝鳍金枪鱼养护委员会(Commission for the Conservation of Southern Bluefin Tuna, CCSBT)。

1. 成立

CCSBT成立于1994年。

2. 管理水域

南半球35° S～55° S南方蓝鳍金枪鱼的洄游水域(无规定界限)以及印度洋10° S～20° S, 100° E～120° E一带(印尼爪哇岛以南)的南方蓝鳍金枪鱼产卵水域,管理水域跨越三大洋。

3. 管理鱼种

单一的南方蓝鳍金枪鱼。

4. 成员

有日本、澳大利亚、新西兰、印度尼西亚和韩国5个,是成员最少的一个委员会。此外,菲律宾和南非以合作非成员国的身份,在指定的扩大委员会下参加活动,但无表决权。我国台湾作为渔业实体参加该委员会。

5. 管理措施

为了养护南方蓝鳍金枪鱼,自20世纪80年代中期起对南方蓝鳍金枪鱼实施总可捕量(TAC)制度,规定了各成员的捕捞配额,近年为了控制合作非成员国和地区的南方蓝鳍金枪鱼渔获量,也规定捕捞配额。2005年南方蓝鳍金枪鱼的TAC为14910t:日本的配额为6065t,澳大利亚为5265t,新西兰为420t,韩国为1140t,印度尼西亚为800t,菲律宾为80t,我国台湾为1140t。

(三)南太平洋区域性渔业管理组织

南太平洋区域性渔业管理组织(South Pacific Regional Fisheries Management Organisation, SPRFMO)。

1. 成立时间

条约于2009年11月14日通过,2012年8月24日生效。

2. 管理水域

范围大约为西至澳大利亚西部沿岸，南至60° S，东至南美洲智利、秘鲁、厄瓜多尔及哥伦比亚沿岸，北以2° N及10° N为界。

3. 管理鱼种

非高度洄游鱼类及跨界鱼种。

4. 成员

有澳大利亚、伯利兹、智利、中国、库克群岛、古巴、丹麦、韩国、新西兰、俄罗斯、瓦努阿图以及欧盟12个。哥伦比亚、厄瓜多尔、法国、秘鲁、汤加和美国为合作非成员国。

5. 管理措施

组织成员及合作非缔约方应将悬挂其旗帜的渔船在公约区域参与智利竹筴鱼总吨数限制在2007年或2008年或2009年在公约区域实际捕鱼船舶的总吨数。只要每一成员国和合作非缔约方的总吨数水平不超过该表所记录水平，允许组织成员及合作非缔约方更替其船舶。2014年，智利竹筴鱼总渔获量应限制在3.9×10^5t，其中智利2.9×10^5t，中国27655t。

（四）中西太平洋渔业委员会

中西太平洋渔业委员会（Western and Central Pacific Fisheries Commission，WCPFC）。

1. 成立时间

根据中西太平洋高度洄游性鱼类资源养护和管理条约成立于2004年12月。

2. 管理水域

北半球150° W以西（包括日本周边水域），南半球140° W以西的中部和西部太平洋。

3. 管理鱼种

金枪鱼类（蓝鳍金枪鱼、南方蓝鳍金枪鱼、大眼金枪鱼、黄鳍金枪鱼、长鳍金枪鱼等）、鲣鱼类（鲣鱼等）、剑旗鱼类（剑鱼、东方旗鱼等）、日本乌鲂、鲯鳅和大洋性鲨鱼等高度洄游性鱼种。

4．成员

有中国、韩国、美国、日本、法国、加拿大、印度尼西亚、菲律宾、瓦努阿图、贝劳、澳大利亚、新西兰、密克罗尼西亚、巴布亚新几内亚、斐济、马绍尔群岛、汤加、所罗门群岛、萨摩亚、基里巴斯、图瓦卢、库克群岛、纽埃、瑙鲁24个以及我国台湾渔业实体参加该委员会。美属萨摩亚、北马里亚纳群岛、法属波利尼西亚、关岛、新喀里多尼亚、托克劳及瓦利斯和富图纳群岛7个为参与领地。伯利兹、厄瓜多尔、萨尔瓦多、印度尼西亚、墨西哥、塞内加尔、越南、巴拿马和泰国9个国家为合作非成员国。

5．管理措施

为了加强中西太平洋大眼金枪鱼和黄鳍金枪鱼资源的养护和管理，WCPFC2005年12月间在密克罗尼西亚波纳佩召开的第2次委员会上，正式决定采取以下措施。

（1）将中西太平洋金枪鱼围网和延绳钓的大眼金枪鱼和黄鳍金枪鱼的渔获量控制在2001—2004年的平均水平。

（2）要求我国台湾在2007年12月底之前，将其最近增加的10艘大型金枪鱼围网船按相等的数量减船。

（五）美洲间热带金枪鱼委员会

美洲间热带金枪鱼委员会（Inter-American Tropical Tuna Commission，IATTC）。

1．成立

根据IATTC条约，成立于1949年。

管理水域：40° N～40° S，150° W以东的东部太平洋。

2．管理鱼种

鲣鱼、金枪鱼类（包括剑鱼、旗鱼类）。

3．成员

有伯利兹、中国、哥伦比亚、哥斯达黎加、厄瓜多尔、萨尔瓦多、法国、危地马拉、日本、基里巴斯、韩国、墨西哥、尼加拉瓜、巴拿马、秘鲁、美国、瓦努阿图、委内瑞拉以及欧盟19个。加拿大曾加入该组织，但于1983年退出。库克群岛为合作非成员国。

4．管理措施

为了养护东部太平洋的大眼金枪鱼和黄鳍金枪鱼资源，IATTC在2004年6月的第7次委员会上规定：2004—2006年中在40° N～40° S，150° W以东东部太平洋作业的金枪鱼围网船年间的禁渔期为42天（8月1日—9月11日或11月20日—12月30日），主要目的是减少围网船对大眼金枪鱼和黄鳍金枪鱼幼鱼的混获。为养护产量日益下降的东部太平洋大眼金枪鱼资源，在上述东部太平洋作业的金枪鱼延绳钓船年间的大眼金枪鱼渔获量应控制在2001年的水平，但以延绳钓作业为主的国家和地区的大眼金枪鱼实施限额捕捞，其中日本限额为34076t、韩国为12576t、中国为10592t（其中台湾省为7953t）。若有不遵守上述规定者，即禁止其渔获物在国际市场上交易。此外，为了打击对大眼金枪鱼等的IUU捕捞，从2003年8月起采取了大型金枪鱼延绳钓船的“白名单”（正规船）和“黑名单”（IUU船）的措施和大眼金枪鱼产地证明书制度。

（六）养护大西洋金枪鱼国际委员会

养护大西洋金枪鱼国际委员会（International Commission for the Conservation of Atlantic Tunas，ICCAT）。

1．成立时间

根据ICCAT条约成立于1966年。

2．管理水域

FAO的21、27、31、34、41、47渔区。

3．管理鱼种

鲣鱼、金枪鱼类（包括剑鱼、旗鱼类）。

4．成员

公约现有49个缔约方，分别是美国、日本、南非、加纳、加拿大、法国、巴西、摩洛哥、韩国、科特迪瓦、安哥拉、俄罗斯、加蓬、佛得角、乌拉圭、圣多美和普林西比、委内瑞拉、赤道几内亚、几内亚、英国、利比亚、中国、突尼斯、巴拿马、特立尼达和多巴哥、纳米比亚、巴巴多斯、洪都拉斯、阿尔及利亚、墨西哥、瓦努阿图、冰岛、土耳其、菲律宾、挪威、尼加拉瓜、危地马拉、塞内加尔、伯利兹、叙利亚、圣文森特和格林纳丁斯、尼日利亚、埃及、阿尔巴尼亚、塞拉利昂、毛里塔尼亚、库拉索、利比里亚以及欧盟。4个合作非成员方：玻利维亚、苏里南、萨尔瓦多和中国台湾。

5．管理措施

在全球的金枪鱼渔业管理组织中，ICCAT最早实施严格管理（1992年），而且最为严格，已对大西洋蓝鳍金枪鱼、大眼金枪鱼、剑旗鱼等实施总可捕量（TAC）制度。例如，2005—2006年东大西洋的蓝鳍金枪鱼的总可捕量为32000t，其中2006年有关国家和地区的配额是：日本为2830t、中国为554t（其中台湾省为480t）、欧盟为18301t等。又如2005—2008年大西洋大眼金枪鱼的TAC为90000t，其中2006年有关国家和地区的配额是：日本为26000t、中国为22200t（其中台湾省为16500t）、欧盟为24500t等。与此同时对捕捞大眼金枪鱼等的延绳钓作业船数也作了限制，如中国为143艘（其中台湾省为98艘），其他国家要求控制在1991—1992年的水平。此外，为了打击IUU捕捞和保护资源，ICCAT对其管理下大西洋海区的蓝鳍金枪鱼、大眼金枪鱼、剑鱼三种鱼实施产地证明书制度，只允许列入“白名单”船的上述渔获物可凭产地证明书进入国际市场交易，否则不得进入国际市场交易。

（七）印度洋金枪鱼渔业委员会

印度洋金枪鱼渔业委员会（Indian Ocean Tuna Commission，IOTC）。

1．成立时间

根据FAO宪章第14条，成立于1996年。

2．管理水域

FAO的51、57渔区以及相连的水域。

3．管理鱼种

鲣鱼、金枪鱼类（包括剑鱼、旗鱼）。

4．成员

有澳大利亚、伯利兹、中国、科摩罗、厄立特里亚、法国、几内亚、印度、印度尼西亚、伊朗、日本、肯尼亚、韩国、马达加斯加、马来西亚、马尔代夫、毛里求斯、阿曼、巴基斯坦、菲律宾、塞舌尔、塞拉利昂、斯里兰卡、苏丹、坦桑尼亚、泰国、英国、瓦努阿图、也门和欧盟等。

5．管理措施

为了养护印度洋大眼金枪鱼和黄鳍金枪鱼资源，IOTC在其2003年12月的第8次年会上，首先决定采取冻结大眼金枪鱼和黄鳍金枪鱼捕捞努力量（船数）的措施。凡是成员和合作非成员国在IOTC正规注册船长24m以上的所有金枪鱼渔船，其渔船数超过50艘以上者，从2004年1月起不能超过现有的注册船数（超过50艘以上的有日本的570艘、韩国的170艘、中国大陆的98艘、欧盟的69艘、菲律宾的70艘、印度尼西亚的720～730艘）。与此同时，在IOTC注册金枪鱼渔船的合计总吨位数也不能超过现有的合计总吨位数。对拥有300艘以上金枪鱼渔船的中国台湾要求其将捕捞努力量削减至1999年水平。对上述规定若有不遵守者即对其采取贸易制裁措施。此外，为了排除IUU非法捕捞，从2003年7月1日起采取与ICCAT相同的措施，列出“白名单”（正规船）和“黑名单”（IUU船）。同时实施IOTC管理水域的大眼金枪鱼产地证明书制度，无产地证明书的大眼金枪鱼不得进入国际市场交易。

（八）北太平洋金枪鱼类和类金枪鱼类临时科学委员会

北太平洋金枪鱼类和类金枪鱼类临时科学委员会（Interim Scientific Committee for Tuna and Tuna-like Species in the North Pacific Ocean, ISC）。

1．成立时间

于1996年成立，从1997年起正式开始工作。

2．管理水域

20°N以北的北太平洋。

3．管理鱼种

蓝鳍金枪鱼、大眼金枪鱼、黄鳍金枪鱼、长鳍金枪鱼和剑鱼及旗鱼等。

4．成员

成员有日本、中国、韩国、美国、加拿大、墨西哥5个。

5．管理措施

ISC不是一个区域性渔业管理组织，而是一个负责北太平洋金枪鱼类等的临时科学研究委员会，在该委员会内设有蓝鳍金枪鱼、大眼金枪鱼、剑鱼、旗鱼和统计4个工作组，对北太平洋金枪鱼类资源以及对其有关的海洋环境、生物生态等进行调查研究，在此基础上开展资源评估，群系分析以及召开学术研讨会等。2004年12月10日WCPFC（中西太平洋渔业委员会）成立后，WCPFC为了加强对中、西部太平洋金枪鱼类资源的统一养护和管理，将ISC置于其下，并更名为WCPFC的北部委员会，仍负责150° W以西20° N以北北太平洋的金枪鱼类等的调查研究和管理工作。

（九）金枪鱼、剑旗鱼常设委员会

金枪鱼、剑旗鱼常设委员会（The Standing Committee Tuna and Billfish，SCTB）。

1．成立时间

作为太平洋共同体秘书处（SPC）的金枪鱼、剑鱼及旗鱼评估计划（TBAP）的咨询机构，成立于1988年。

2．管理水域

中西太平洋。

3．管理鱼种

金枪鱼、剑旗鱼类等。

成员有日本、中国、韩国、美国、澳大利亚、斐济6个。

4．管理措施

不负责渔业管理工作，主要承担中、西部太平洋有关金枪鱼、剑鱼及旗鱼等的捕捞统计、调查研究、资源评估等工作，同时开展科学研讨工作。

（十）濒危野生动植物物种国际贸易公约

濒危野生动植物物种国际贸易公约（Convention on International Trade

in Endangered Species of Wild Fauna and Flora，CITES）。

1．成立时间

该公约于1975年7月1日生效。

2．管理范围

全部的陆地以及水域。

3．管理对象

濒危野生动植物物种约3万种（海产物种中有鲸类、鲨鱼类、海龟等）。

4．成员

有日本、中国、美国、英国、荷兰、冰岛、澳大利亚、古巴、苏里南、以色列等165个。

5．管理措施

分三个附录物种进行管理。附录1物种是指有灭绝危险的物种（如黑猩猩、老虎、兰花等），禁止为商业目的的贸易，允许为学术目的的贸易（需要出口国以及进口国发给的许可证）；附录2物种是指目前虽未濒临灭绝，但已处于濒危程度，应采取控制贸易的措施；附录3物种是指某一CITES成员国根据其本国某物种的濒危程度，提出要求特别管制，并要求其他成员国给予配合管理的物种。上述附录物种不是永久固定的，可根据缔约国要求和物种实际情况，做必要调整、增减或升降。

（十一）白令海中部狭鳕资源养护和管理条约

白令海中部狭鳕资源养护和管理条约（Convention on the Conservation and Management of Pollock Resources in the Central Bering Sea），简称白令海公海渔业条约。

1．成立时间

1994年8月4日在美国华盛顿签署的白令海公海（Donut Hole）狭鳕资源养护管理条约，公约于1995年生效。

2．管理水域

白令海中部美国、俄罗斯200n mile专属经济区外的公海水域。

3．管理鱼种

狭鳕以及其他的海洋生物资源。

4．成员

成员包括美国、俄罗斯、日本、中国、韩国、波兰6个。

5．管理措施

日本、中国、韩国、波兰、美国、俄罗斯6国的拖网渔船自1985年起共同进入白令海公海捕捞狭鳕，狭鳕渔获量迅速增加，从1985年的3.36×10^5t猛增至1989年的1.407×10^6t（历史上最高纪录），但其后逐年迅速减少，1992年剧减至仅1×10^4t。白令海公海的狭鳕资源明显因过度捕捞而出现严重的衰减。为了保护白令海公海狭鳕资源，由日、中、韩、波、美、俄6国共同提出，1993年和1994年在白令海公海自行停止捕捞狭鳕2年，同时商定当阿留申海盆的狭鳕资源量回升到1.67×10^6t以上方能重新开捕，开捕时规定狭鳕的总可捕量为1.3×10^5t，在这个基础上制定各国的捕捞配额。但禁捕2年后仍未见狭鳕资源量恢复到1.67×10^6t以上。为此，1994年继续禁捕，与此同时，为了养护和合理利用白令海公海狭鳕资源，上述6国于1994年8月在美国华盛顿签署了白令海公海狭鳕资源的养护和管理条约。该条约于1995年正式生效。1996年11月，在俄罗斯莫斯科召开了白令海公海渔业条约国的第一次年会，并规定每年召开一次年会，分别在6国之间轮流举行，研讨白令海公海狭鳕资源状态和决定能否重新开捕的问题，其中2000年的第五次年会在中国上海召开。2005年9月，在韩国釜山召开第十次年会上，因阿留申海盆狭鳕资源量一直没有达到可以开捕的1.67×10^6t。因此，2006年继续禁捕1年。白令海公海的狭鳕捕捞自1993年起禁捕以来到2006年止已禁捕了14年。至今尚未恢复，处于禁捕状态。

（十二）国际捕鲸委员会

国际捕鲸委员会（International Whaling Commission，IWC）。

1．成立时间

根据《国际捕鲸公约》于1946年12月成立。

2．管理水域

缔约国的捕鲸母船、捕鲸船（包括基地捕鲸船）在作业的所有水域（即全世界水域）。管理鲸类包括长须鲸、鲳鲸、座头鲸、抹香鲸、灰鲸等大型鲸类。

3．成员

有日本、中国、韩国、美国、德国、英国、挪威、俄罗斯、澳大利亚、摩洛哥、南非、印度、巴西等国。但成员中从事捕鲸的主要为日本、美国、俄罗斯、英国、德国、挪威等几个国家。

4．管理措施

每年规定捕鲸国的捕鲸头数，制定禁渔期和禁渔区。

（十三）北太平洋海洋科学组织

北太平洋海洋科学组织（North Pacific Marine Science Organization，PICES）。

1．成立时间

根据北太平洋海洋科学组织条约成立于1992年。

2．管理水域

30° N以北的北太平洋以及其毗邻水域。

3．管理鱼种

鱼类、头足类、海产哺乳动物、海鸟。

4．成员

成员包括日本、中国、韩国、美国、加拿大、俄罗斯6个。

5．管理措施

PICES并不是一个具有管理机能的管理组织，而是一个为了促进北太平洋海洋生物资源科学研究的组织，从事北太平洋海洋生物资源的科学研究工作。

（十四）北太平洋渔业委员会（NPFC）

北太平洋渔业委员会（North Pacific Fisheries Commission，NPFC）。

1．成立时间

日本、韩国、俄罗斯及美国于2006年发起召开多边会议。历经10次多边会议，2011年3月正式确定《北太平洋公海渔业资源养护与管理公约》，公约于2015年7月19日正式生效。2015年9月3日，举行了第1届委员会会议，宣告NPFC委员会正式成立；秘书处设在日本东京。

2．管理范围

北太平洋公海大部分水域。

3．管理对象

所有公约水域内被渔船捕获的鱼类、软体动物、甲壳类和其他种类（渔业资源），但不包括：依据1982年《联合国海洋法公约》第77条第4款受沿海国管辖的定居物种和依照本公约第13条第5款中定义的脆弱海洋生态系统标志性生物、降河产卵物种、海洋哺乳动物、海洋爬行动物和海鸟以及现有国际渔业管理组织已管理的海洋物种。涉及我国的鱿钓渔业、秋刀鱼渔业和公海围网渔业（鱿鱼、秋刀鱼、鲐鱼）。

4．成员

主要成员有中国、美国、加拿大、俄罗斯、日本、韩国、瓦努阿图。

5．委员会决策机制

（1）NPFC委员会（Commission）。

①采取必要的养护和管理措施，以确保公约区域内渔业资源的长期可持续利用。

②确定总可捕量或总允许捕捞努力量（按科委会建议）。

③采取养护和管理措施，以防止对脆弱海洋生态系统造成重大不利影响。

④决定现有渔业的属性和内容，包括分配捕捞机会，等等。

（2）科学分委会（SC）。

①提出研究计划，规划、开展和审议渔业资源评估情况，提出管理建议。

②收集、分析和转达相关数据和信息。

③评估渔业活动对生态系统的影响。

④确定脆弱海洋生态系统的程序、标准和指示物种等。

（3）技术和执法分委会（TCC）。

①监督、审议委员会通过的养护和管理措施的遵守情况。

②审议委员会通过的监督、控制、监视和执法的合作措施执行情况。

③向委员会报告遵守养护和管理措施情况的调查结果和结论。

④向委员会提交有关监测、控制、监视和执法事项的建议等。

（4）我国在北太平洋渔业管理面临的形势。

①秋刀鱼和鲐鱼渔业上，与日本利益冲突严重；且欧盟已经提出申请加入，将主要从事鲐鱼渔业（大型拖网船）。

②渔船数量较多，可能存在违规渔船。

③作业渔场主要集中在日本专属经济区附近，易受到日本的监控。

④委员会将来可能采取的管理措施：限制渔船数量，确定最大可捕量。

第五节　《打击IUU捕捞国际行动计划》相关措施

一、IUU 捕捞定义

IUU 捕捞是非法、不报告、不管制的捕捞行为（Illegal，Unreported，Unregulated fishing）的英文简称。

（一）非法捕捞

本国或外国渔船未经一国许可或违反其法律和条例在该国管辖的水域内进行的捕捞活动；悬挂有关区域性国际渔业管理组织成员国船旗的渔船进行的、但违反该组织通过的而且该国家受其约束的养护和管理措施的捕捞活动；违反适用的国际法有关规定的捕捞活动；违反国家法律或国际义务的捕捞活动，包括由有关区域渔业管理组织的合作国进行的捕捞活动。

（二）不报告捕捞

违反国家法规未向国家有关当局报告或误报的捕捞活动；在有关区域渔业管理组织管辖水域开展的违反该组织报告程序未予报告或误报的捕捞活动。

（三）不管制捕捞

无国籍渔船或悬挂非组织成员船旗的渔船，在该区域性国际渔业管理组织管辖水域内从事不符合或违反该组织的管理措施的捕捞活动；捕捞方式不符合各国按照国际法应承担的海洋生物资源养护责任的捕捞活动。但是，某些不管制捕捞的方式可能并未违背适用的国际法，因而可能不需要采用国际打击措施。

二、打击IUU捕捞的措施

《打击IUU捕捞国际行动计划》提出的实施预防、制止和消除IUU捕捞的措施，主要包括所有国家均应承担的责任、船旗国的责任、沿海国措施、港口国措施、国际商定的与市场有关的措施、区域性国际渔业管理组织的作用、科学研究等。

（一）所有国家的责任

1. 遵守和实施国际条约与文件

各国应当全面实施国际法的有关规定，特别是1982年《联合国海洋法公约》中所阐明的规定。鼓励各国优先酌情批准、接受或加入1982年《联合国海洋法公约》、1995年《执行协定》和1993年《促进公海渔船遵守国际养护和管理措施的协定》。尚未批准、接受或加入有关国际文书的国家，其行动方式不应违背这些文书。各国应全面和有效地实施其批准、接受或加入的所有有关国际渔业文书。

各国应全面和有效地实施《联合国海洋法公约》中所阐明的规定及其有关国际行动计划。

凡其国民在公海上从事有关区域性国际渔业管理组织未加管制的捕捞业的国家，应充分履行根据1982年《联合国海洋法公约》有关公海生物资源养护的规定对其国民采取可能必要措施的义务。

2. 国内法律措施

要求各国采取一系列有关的国内法律措施，以预防、制止和消除IUU捕捞。

（1）立法。国内立法应当以有效的方式处理IUU捕捞的所有方面，包括证据标准以及酌情包括使用电子证据和新技术在内的接受证据的办法。

（2）对国民的控制。各国应按照1982年《联合国海洋法公约》有关条款，在不影响船旗国在公海上负首要责任的情况下，尽可能采取措施或合作确保受其管辖的国民不支持或不从事IUU捕捞活动。所有国家应当合作查明从事IUU捕捞活动的渔船作业者或受益船主的身份。各国应劝阻其国民在不能履行船旗国责任的国家注册渔船。

（3）对公海上无国籍船的措施。各国应当对在公海上从事IUU捕捞活动的无国籍渔船采取与国际法相一致的措施。

（4）惩罚措施。各国应当确保对其管辖的船舶和尽最大可能地对其国民开展的IUU捕捞，采取足以有效预防、制止和消除IUU捕捞的严厉惩罚措施，剥夺违法者从此类捕捞活动所获得的利益，包括采用以行政处罚制为基础的民事处罚制度。此外，各国应当确保协调一致和透明地采用处罚措施。

（5）对不合作国家的措施。各国应按照国际法采取一切可能的措施，预防、制止和消除不与有关区域性国际渔业管理组织合作的国家从事IUU捕捞活动。

（6）经济措施。各国应按照其国家法律，尽可能避免对从事IUU捕捞的公司、船舶或个人给予经济支持（包括补贴）。

（7）监测、控制和监视。各国应从捕捞活动的开始、上岸点直到最终目的地，全面有效地监测、控制和监视捕捞活动。包括：制定和实施允许进入水域和获取资源的计划，包括渔船许可计划；保持所有许可在其管辖范围内进行捕捞的渔船及其当前船主和操作者的记录；酌情按照国家、区域或国际标准建立船舶监测系统，包括要求在受其管辖的渔船上装配船舶监测系统；酌情按照国家、区域或国际标准实施观察员计划，包括要求在受其管辖的渔船上配置观察员；向所有从事监测、控制和监视活动的人员提供培训和教育；制定及执行监测、控制和监视活动并为其提供资金，以尽可能加强其预防、制止和消除IUU捕捞的能力；提高业界对需要及合作参加监测、控制和监视活动以预防、制止和消除IUU捕捞的了解和认识；在国家司法体系内促进对监测、控制和监视的了解和认识；建立并维护监测、控制和监视数据的获得、储存和传播系统，但要考虑适当的保密要求；确保有效实施符合国际法的国家的和适当时国际商定的登临机制，承认船长和检查官员的权利和义务，并注意到此类制度已经在某些国际协定（如1995年《执行协定》）中作了规定，并不适用于这些协定的缔约方。

（二）船旗国的责任

对于船旗国的责任，《打击IUU国际行动计划》强调船旗国应加强对渔船的登记和档案管理、捕捞许可管理。

1. 渔船登记

在渔船登记、授予渔船悬挂船旗的权利方面，船旗国应承担以下责任。

（1）各国应当确保悬挂其旗帜的渔船不从事或支持IUU捕捞。为此，船旗国为渔船进行登记之前，应确保其能够履行保证该渔船不从事IUU捕捞的责任。

（2）船旗国应避免向有违规历史的渔船授权悬挂其船旗，除非渔船的所有权发生了变化并且新船主提供足够的证据以证明原先的船主或经营者已与该船无法律、利益和经济关系，并不再控制该渔船；或者，船旗国在考虑到所有有关实际情况后，肯定允许该渔船挂旗将不会导致IUU捕捞。

（3）参与租船安排的所有国家，包括船旗国和接受此类安排的其他国家，应在各自管辖范围内采取措施，确保所租渔船不从事IUU捕捞。

（4）船旗国应当制止渔船以不遵守国家、区域或全球一致通过的养护和管理措施为目的而改挂船旗。各船旗国采取的行动和标准应当尽可能一致，以免船主乘机改挂其他国家的国旗。

（5）各国应当采取所有切实可行的措施，包括拒绝给予渔船捕捞权及悬挂该国旗帜的权利，来防止渔船为了逃避管理或不同管理措施而“频繁更换船旗”。

（6）船旗国应兼顾渔船登记和捕捞许可，确保其渔船登记与保存的渔船记录之间有适当联系，并确保负责渔船登记和捕捞许可的机构之间开展充分合作和共享信息。

（7）船旗国应认识到，为渔船登记的条件是准备授权该渔船在其管辖水域内或在公海上从事捕捞活动，在确保该渔船受该船旗国控制时，才发放捕捞许可证。

2.渔船记录

船旗国应当保持悬挂其旗帜的渔船的记录。

对于在公海捕捞的渔船，船旗国的渔船记录应当包括1993年《促进公海渔船遵守国际养护和管理措施的协定》规定的所有信息。也可特别包括：曾用船名（如有而且知道），作为渔船所有人的自然人或法人的姓名、地址和国籍，管理渔船经营活动的自然人或法人的姓名、街道地址、通信地址和国籍，因渔船所有权而得益的自然人或法人的姓名、街道地址、通信地址或国籍，该渔船的名称和所有权历史，以及该渔船违反国家、区域或全球一致通过的养护和管理措施或规定的历史（如果了解），渔船的大小，酌情提供登记时或后来任何船体改造结束时拍摄的显示渔船侧面的照片。

船旗国也可以要求渔船记录中包括未得到公海捕捞授权的渔船的上述信息。

3.捕捞许可

（1）各国应采取措施，确保任何渔船只有得到授权方可进行捕捞。在公海方面，各国应以符合国际法特别是1982年《联合国海洋法公约》所规定的权利和义务的方式，或在国家管辖水域内，按照国家立法采取措施。

（2）船旗国应确保悬挂其船旗但在其管辖水域以外的水域中捕捞的每一艘渔船，持有该船旗国发放的有效捕捞许可证。沿海国在发放捕捞授权时，应确保未授权渔船不得在其水域内进行任何捕捞活动。

（3）渔船应有捕捞许可证，需要时应随船携带。许可证应至少包括准许捕捞的渔船和自然人或法人的姓名，准许作业的区域、范围和期限，可捕种类、准许使用的渔具及其他适用的管理措施。

（4）对于发放许可证的条件，在必要时可以包括：渔船监测系统，渔获量报告条件，允许转载时的转载报告和其他条件，观察员覆盖率，捕捞和其他有关日志要求，确保遵守边界和有关限制水域的导航设备，遵守有关海上安全、海洋环境保护及国家、区域及全球一致通过的养护和管理措施或规定所适用的国际公约和国家法规，按照国际公认的标准如联合国粮农组织渔船标识标准规范及准则标志渔船；渔船的渔具也应当按国际公认的标准做类似的标志，遵守适用于船旗国的其他渔业安排。在可能的条件下，渔船应有一个国际公认的唯一标识号码，无论以后是否改变登记和名称，都能识别这条渔船。

（5）船旗国应当确保其渔船、运输船和供应船不支持或从事IUU捕捞。包括确保其船舶没有向从事这些活动的渔船提供补给，或者向/从这些渔船转载渔获，但为人道主义目的（包括船员的安全）的情况除外。

（6）船旗国应当尽最大可能确保其在海上从事转载的所有渔船、运输船和供应船事先得到该船旗国发放的转载许可，并向国家渔业管理当局或其他指定机构报告海上所有鱼货转载的日期和地点、分种类的重量和转载渔获的捕捞水域、转载渔获物上岸港口以及与辨别转载所涉渔船有关的名称、登记、船旗和其他资料。

（7）船旗国应当酌情向有关国家、区域和国际组织包括FAO，全面、及时和定期提供按渔区和种类综合的渔获量和转载报告的资料，并考虑适用的保密要求。

（三）沿海国的责任

沿海国按照1982年《联合国海洋法公约》和其他国际法的规定，为勘探和开发、养护和管理其管辖范围内的海洋生物资源而行使主权权利时，应在专属经济区内实施预防、制止和消除IUU捕捞的措施。

沿海国按照国家立法和国际法采取措施应尽可能和酌情包括以下几个方面。

（1）在专属经济区内有效监测、控制和监视捕捞活动。

（2）酌情与其他国家包括毗邻的沿海国以及与区域渔业管理组织合作和交流信息。

（3）确保在沿海国管辖水域内开展捕捞活动的任何渔船均得到该国签发的有效捕捞授权。

（4）确保在有关渔船列入渔船记录之后才为其签发捕捞授权。

（5）适当时确保在其管辖水域内捕捞的每一艘渔船保留捕捞日志。

（6）确保在沿海国管辖水域内海上转载或加工活动得到该沿海国的授权，或按照有关管理规定进行。

（7）以有助于预防、制止和消除IUU捕捞的方式确定其入渔规定。

（8）避免向曾有IUU捕捞历史的特定渔船发放在其管辖水域内捕捞的许可，并取消这种渔船的挂旗授权。

（四）港口国措施

《打击IUU国际行动计划》要求各国运用依据国际法采取的港口国管理渔船措施，以预防、制止和消除IUU捕捞。

1. 港口国措施的内容

（1）在允许渔船进入港口之前，应要求申请进港的渔船和从事与捕捞有关的活动的船舶，提供合理的进港预先通知，并提供其捕捞许可证副本、捕捞行程详情及船载渔获数量，并适当注意保密要求，以便判明该船是否可能从事或支持IUU捕捞活动。

（2）如果某港口国有明确证据表明，获准进入其港口的渔船从事了IUU捕捞活动，该港口国应不准该渔船在其港口卸鱼或转载，并应向该船的船旗国报告。

（3）各国应当公布允许悬挂外国船旗的渔船进入的港口，并应当确保这些港口有能力进行检查。

（4）在对渔船进行检查时，港口国应当收集以下信息并转送船旗国以及酌情转送有关区域性国际渔业管理组织：渔船的船旗国及识别详情，船长和渔捞长的姓名、国籍和资历，渔具，船上渔获量，包括产地、种类、形态和数量、总上岸量和转载量以及适当时区域性国际渔业管理组织或其他国际协定所要求的其他资料。

（5）如果在检查过程中怀疑该渔船曾在港口国管辖范围以外的水域从事或支持IUU捕捞，港口国除了按照国际法采取行动之外，还应立即向该渔船船旗国以及酌情向有关沿海国和区域性国际渔业管理组织报告。港口国经船旗国同意或应船旗国要求可采取其他行动。

2.实施港口国措施的要求

（1）港口国措施应以公正、透明和无歧视性方式执行。

（2）港口国应按照国际法允许船舶因不可抗力、或海难或援救遇到危险或遇难的人员、船舶或飞行器而进港。

（3）在向有关沿海国和区域性国际渔业管理组织报告进港渔船的有关信息时，各国应当按照其本国的法律对收集的资料进行保密。

（4）各国应制定并公布国家战略和程序，包括对港口国检查人员的培训、技术支持、资格要求和一般业务准则。各国还应当考虑在制定和实施这一战略方面的能力建设需要。

（5）各国应当酌情开展双边、多边及区域渔业管理组织内部的合作，为港口国管理渔船制定互不抵触的措施。这种措施应当包括处理由港口国收集的资料、资料收集程序和关于对违反国家、区域或国际机制所通过措施的被怀疑的渔船的处理办法。

（6）各国应当在有关区域渔业管理组织范围内制定港口国措施，其依据的假设是有权悬挂某区域渔业管理组织非缔约方船旗、未同意与该区域渔业管理组织合作并被查明在该特定组织水域内进行捕捞的渔船，可能从事IUU捕捞活动。此类港口国措施可禁止卸鱼和渔获物的转载，除非该被认定的渔船能够证明渔获物是以符合养护和管理措施的方式捕捞的。区域渔业管理组织应通过商定的程序，以公正、透明和无歧视的方式辨明渔船。

（7）各国应当在有关区域渔业管理组织和国家内部就港口国检查工作加强合作，包括通过交流有关信息。

第六节　国际渔业组织保护鲨鱼、海龟、海鸟等有关规定

鲨鱼、海龟和海鸟等是金枪鱼渔业中常见的兼捕和误捕物种，受到国际渔业组织的严格管理，同时也受到国际社会高度关注。三大洋主要的金枪鱼渔业区域性管理组织有4个，即养护大西洋金枪鱼渔业委员会（ICCAT），印度洋金枪鱼渔业委员会（IOTC），中西太平洋渔业委员会（WCPFC）和美洲间热带金枪鱼委员会（IATTC）。区域性管理组织根据养护和管理物种的资源状况，通过相关的决议来养护资源。

一、鲨鱼的养护和管理

《濒危野生动植物物种国际贸易公约》（简称《CITES公约》）和《保护迁徙野生动物物种公约》（简称《CMS公约》）分别将8种和7种鲨鱼列为附录种类，《CITES公约》将大白鲨、姥鲨、鲸鲨、长鳍真鲨、路氏双髻鲨、锤头双髻鲨、无沟双髻鲨、鼠鲨列为附录Ⅱ种类。《CMS公约》将大白鲨、姥鲨、鲸鲨、长鳍鲭鲨、尖吻鲭鲨、鼠鲨和白斑角鲨列为附录种类。

（一）中西太平洋渔业委员会（WCPFC）

中西太平洋委员会（WCPFC）第三次年会于2006年首次通过关于鲨鱼的养护和管理措施。2008年和2009年又修订了这方面的养护和管理措施。要求减少渔获物的浪费和丢弃，鼓励释放捕获后的活鲨鱼，尤其是兼捕幼体鲨鱼和怀仔的鲨鱼亲体；确定8种鲨鱼为关键性鲨鱼，分别为大青鲨、长鳍真鲨鱼、镰状真鲨、尖吻鲭鲨、长鳍鲭鲨、弧形长尾鲨、浅海长尾鲨、大眼长尾鲨。委员会要求收集鲨鱼的渔获量和丢弃量等数据。从2008年开始，WCPFC强制要求在年度统计报告中包括主要鲨鱼种类；各方渔船在到第一卸货港之前船上鱼翅重量不超过船上鲨鱼重量的5%。各方可自行要

求其渔船在上岸时不得将鱼体和鱼翅分离；各沿海国有权在其管辖海域内制定替代措施。从2008年开始，在WCPFC公海作业的金枪鱼渔船须接受其他国家执法人员依据WCPFC通过的程序进行的登临和检查，其中包括船上鲨鱼不同部位的比例。2013年1月委员会第八次年会决定禁止各方渔船在船上留存、转载、贮藏或上岸长鳍真鲨。

2014年，鲨鱼的养护和管理措施进一步要求各捕鱼方的延绳钓兼捕鲨鱼的钓具所使用的钓钩避免使用钢丝钓线，避免使用鲨鱼钓钩（指在钓捕金枪鱼时，每个浮子上放置一个专捕鲨鱼的钓钩）；对于主捕鲨鱼的延绳钓渔业，需要制订管理计划，发放许可证和设定总许可捕捞量，要求清晰地表明如何避免或者降低兼捕资源严重衰退的镰状真鲨和长鳍真鲨。

在主要鲨鱼种类方面，根据管理需要，WCPFC将数据监测的关键鲨鱼物种从2008年大青鲨、长鳍真鲨、长鳍鲭鲨和长尾鲨四类，增加到2009年的5类（增加了镰状真鲨）以及2010年的6类（增加了栖息在20°S以南的鼠鲨）。

（二）美洲间热带金枪鱼委员会（IATTC）

美洲间热带金枪鱼渔业委员会通过的2015－03号决议，要求各缔约方及合作非缔约方、合作捕鱼实体或区域性经济整合组织（统称为CPC）应当依据FAO鲨鱼类保护和管理国际行动计划，建立并执行鲨鱼类保护和管理国家行动计划；要求保留鲨鱼的所有部分，鱼头、肠及鱼皮除外，鱼鳍重量不超过船上鲨鱼重量的5%，尽其可能释放意外捕获的活鲨鱼，特别是幼鱼。特别指出各CPC应每年向委员会提供鲨鱼种类及渔获量、渔具努力量、卸售量及贸易量信息。

在鲨鱼鱼种方面，82届年会通过的决议要求各CPC禁止在协议水域的船上保留、转载、卸货、贮藏或提供贩卖长鳍真鲨的任何部分或完整鱼体。

（三）印度洋金枪鱼渔业委员会（IOTC）

印度洋金枪鱼渔业委员会通过的2005-05号决议，要求各CPC船上鱼鳍重量不超过船上鲨鱼重量的5%，尽其可能释放意外捕获的活鲨鱼，特别是幼鱼。每年向委员会报告捕获鲨鱼的信息。

对于鲨鱼鱼种方面，2012-09号决议对大眼长尾鲨的捕捞进行了说明。决议要求禁止悬挂任何IOTC会员或合作非缔约方（CPC）的渔船在船上保留、转载、卸下、贮存、贩售或提供出售任何部分或整尾大眼长尾鲨鱼体，除非是科学观察员搜集已死亡的大眼长尾鲨的生物样本（脊椎、组织、生殖系统、胃、皮肤样本等）。2013-05号决议对围网作业中对鲸鲨的误捕作了规定，决议要求禁止在有鲸鲨的活动海域进行围网作业；若误捕到鲸鲨，须详细记录其数量及释放状况并向委员会报告。

二、海龟的保护

海龟是大洋生态系统的组成部分之一，全球海洋现存7种海龟中的6种已经被自然保护联盟（IUCN）列为濒危或临近濒危状况。在大部分海龟被列为濒危物种的原因中，捕捞作业对海龟的误捕引起人们的关注，尤其是拖网渔业、刺网渔业和延绳钓渔业。

由于海龟生活在海洋表层，误捕海龟的可能性较大。

各大洋委员会都通过了关于海龟的养护和管理措施，明确要求渔船要配备海龟脱钩器，尽可能地减少伤害并释放海龟。围网渔业和延绳钓渔业最大限度地降低兼捕海龟的死亡率。对于围网渔业，避免缠绕海龟，并尽可能地采取措施安全地释放海龟。如果海龟缠绕在网中，停止起网，在海龟浮出水面并被释放后再行起网。要求围网渔船配备小型抄网处理海龟，同时要求记录兼捕海龟的信息。由于围网渔业实施100%的观察员制度，该项措施有效地养护了太平洋海域的海龟，降低了海龟的死亡率。

对于延绳钓渔业，要求各方使用大型的圆形或椭圆形钓钩，或使用有鳍的鱼类作为鱼饵，来提高海龟被误捕后的成活率。

另外，各渔业组织要求每年上报捕获海龟的信息以及处理方法。比如IOTC2012-04号决议要求每年度的6月30日前，上报上一年度渔船捕获海龟信息（通过渔捞日志和观察员观测记录），包括渔捞日志记录范围或观察员覆盖率及其兼捕海龟死亡数量的估计值。

三、海鸟的养护和管理

海鸟作为海洋生态系统的组成之一，依赖于海洋中的鱼类作为其食物。金枪鱼延绳钓渔业在放钩或起钩过程会误捕到海鸟。

（一）中西太平洋渔业委员会（WCPFC）

根据委员会的数据，延绳钓与海鸟的相互作用涉及海域主要在较高纬度海域，一般在30° S以南海域或23° N以北海域。2007年WCPFC首次通过关于海鸟的养护和管理措施，2012年进一步修订了海鸟养护和管理措施。在高纬度作业的延绳钓钓具使用加重的钓钩，加快钓钩的沉降速度，或使用染色的鱼饵；或使用惊鸟绳等至少两种措施来降低海鸟的误捕死亡率。

（二）美洲间热带金枪鱼委员会（IATTC）

委员会通过决议（2011-02号决议）要求在IATTC捕捞作业的延绳钓渔船，在东太平洋23° N以北及30° S以南作业时要采取减少误捕海鸟的措施，使用表1-1中所列的2种减缓措施。

表1-1　减缓措施

A栏	B栏
采用驱鸟绳及支绳加重的船舷边投绳	驱鸟绳
夜间投绳且最低甲板照明	支绳加重
驱鸟绳	饵料染蓝
支绳加重	深层投绳机
—	水下投绳导管
—	内脏排放管理

（三）养护大西洋金枪鱼渔业委员会（ICCAT）

委员会通过决议，捕鱼方应在充分考量船员的安全及切实可行的减缓措施下，通过使用有效的减缓措施，来减少海鸟兼捕。规定25° S以南作业的所有延绳钓船至少使用表1-2所列的两项减缓措施。

表1-2　减缓措施应遵从以下最低标准

减缓措施	描述	规格要求
夜间投绳且甲板灯光减至最暗	海上日出至日落期间禁止投绳，甲板灯光应维持在最低程度	海上日出及日落按照航行所在的纬度、当地时间及日期，最低程度的灯光应不违反安全与航行最低标准
驱鸟绳（Tori lines）	在投绳期间应部署驱鸟绳以防止海鸟接近支绳	对船长不小于35m的渔船： ①至少设置1个驱鸟绳，鼓励渔船于海鸟高度密集或活动区域使用2条驱鸟竿和驱鸟绳；2条驱鸟绳应同时设置在投放主绳的两边； ②驱鸟绳的覆盖范围至少大于或等于100m； ③使用长飘带长度须足以在无风情况下达到海面上； ④长飘带间距不得超过5m。 对船长小于35m渔船： ①至少设置1条驱鸟绳； ②1条驱鸟绳覆盖范围至少需大于或等于75m ③使用长飘带或短飘带（长度需大于1m）放置间距如下：短飘带的间距不超过2m；长飘带的前端55m驱鸟绳间距不超过5m
支绳加重	在投绳前放铅锤以加重支绳	①钩绳1m内应有总重量超过45g铅锤； ②钩绳3.5m内应有总重量超过60g铅锤； ③钩绳4m内应有总重量超过98g铅锤

（四）印度洋金枪鱼渔业委员会（IOTC）

印度洋金枪鱼渔业委员会2012 06号决议通过的有关海鸟养护管理措施，要求25°S以南作业的所有延绳钓船至少使用表1-2所列的两项减缓措施。每年的年度报告要详细报告减少海鸟误捕的措施。

四、海洋鲸豚的养护和管理

海洋鲸豚类处于海洋食物链顶端，其保护受到国际社会的高度关注，金枪鱼渔业尤其是围网渔业，有误捕海豚的现象。WCPFC在2012年通过了对鲸豚类的养护和管理措施，要求如果在围网渔业开始作业前，发现鲸豚类和金枪鱼鱼群混栖，则禁止该捕捞作业，对于误入鱼群的鲸豚，鼓励活体释放。

第七节　《港口国措施协定》相关内容

一、协定的目标和适用范围

（一）协定的目标

《港口国措施协定》旨在通过实施有效的港口国措施，以公平、透明和非歧视以及符合国际法的方式，来预防、制止并消除IUU捕捞活动。作为确保海洋生物资源获得长期养护和可持续利用的手段，其目的是使各缔约方在作为港口国的权能范围内，广泛有效适用该协定。

（二）协定的适用范围

《港口国措施协定》是全球性的，适用于所有港口，各缔约方应鼓励所有其他实体采用符合该协定的措施。无法成为协定缔约方的，可表示承诺按协定规定行事。协定特别重视发展中国家的需求，支持这些国家努力落实协定内容。

《港口国措施协定》适用于寻求进入缔约方港口或在其港口期间的无权悬挂港口国旗帜的船只。但以下船舶除外。

（1）邻国为生存而从事手工捕鱼的船舶，条件是该港口国和该船旗国进行合作以确保这些船舶不从事IUU捕捞或支持IUU捕捞的相关活动。

（2）未装运渔获物的船舶，或装运渔获物，但只是装运曾卸载过的渔获物的集装箱船舶，条件是无明确理由怀疑这些船舶从事了支持IUU捕捞的相关活动。

对于港口国本国国民租赁的专门在其国家管辖区按照其授权从事捕捞活动的渔船，港口国可决定对其国民的船舶不适用《港口国措施协定》。但这种渔船应采用该港口国的相关措施，也就是与有权悬挂其旗帜的船舶采取的同样有效的措施。

二、《港口国措施协定》的主要内容

（一）船舶进港管理措施

1.指定港口和进港事先要求

缔约方应指定并公布船舶可以要求进入的港口，并向FAO提供其指定港口名单，FAO适当公布该名单。各缔约方应最大限度地确保其所指定和公布的每个港口具有按照《港口国措施协定》进行检查的充分能力。

各缔约方应在允许船舶入港前，要求该船舶事先通报船舶基本身份信息、行程信息、船舶监测系统以及捕捞授权信息、相关渔获物转运信息或者与供货渔船有关的转运信息、船载渔获物信息，这些信息的提供应充分提前，以便使港口国有足够时间进行信息查证。

2.准予进港或拒绝进港

如果按照船舶提供的信息和其他信息确定申请入港的船舶没有从事IUU捕捞或支持IUU捕捞相关活动后，缔约方应决定准予或拒绝该船舶进入其港口，并将其决定告知该船舶或其代表。

如果准予入港，应要求船长或该船代表在船舶抵达港口时向缔约方主管部门出示入港授权。如拒绝其入港，缔约方应告知该船舶的船旗国，并酌情和尽可能告知相关沿海国、区域性国际渔业管理组织及其他国际组织。

如果缔约方在船舶进入其港口之前，有充分证据表明该船舶从事了IUU捕捞或支持IUU捕捞相关活动，特别是船舶被列入由相关区域性国际渔业管理组织编制的IUU捕捞船舶名单，该缔约方应禁止该船舶入港。缔约方也可以完全出于检查目的，允许上述船舶进入其港口，并采取与禁止入港至少一样有效的符合国际法的其他针对IUU捕捞的适当行动。但如果这种船舶已经进入港口，缔约方应拒绝该船利用其港口进行渔获物卸载、转运、包装和加工以及使用其他港口服务，特别包括加燃料和补给、维修和进坞。

对于船舶根据国际法出于不可抗力或遇险原因进入港口，或港口国纯粹为向遇险或遇难人员、船舶或航行器提供援助而允许船舶进港的情况，均不受《港口国措施协定》有关规定的影响或阻碍。

（二）船舶使用港口的管理措施

对于进入缔约方港口的下列船舶，缔约方应根据其法律法规并参照包括《港口国措施协定》在内的国际法，拒绝该船利用其港口进行渔获物卸货、转运、包装和加工以及使用其他港口服务，特别包括加燃料和补给、维修和进坞，并及时通知船旗国并酌情通知有关沿海国、区域性国际渔业管理组织和其他相关国际组织。

（1）缔约方发现该船不具有船旗国所要求的有关从事捕捞或与捕捞相关的活动的有效适用授权，或者该船不具有沿海国所要求的有关在该国管辖水域内从事捕捞或与捕捞相关活动的有效适用授权。

（2）缔约方有证据说明，在沿海国管辖水域内，船上渔获物违反了该国的适用要求。

（3）船旗国没有应港口国所提的要求，在合理的时间内确认渔获物是按照相关区域性国际渔业管理组织的适用要求而捕获的。

（4）缔约方有适当理由相信该船舶在相关时间内从事IUU捕捞，或支持此IUU捕捞的相关活动。但以下情况除外：一是该船能够证实其活动与相关养护和管理措施相一致；二是对于提供人员、燃料、渔具及和其他海上物资而言，接受供应的船舶在提供上述物资时不属于缔约方在船舶进入其港口之前就有充分证据表明该船舶从事了IUU捕捞或支持IUU捕捞相关活动。

但如果船舶使用港口服务是为船员安全和健康或船舶安全所必需，而且有充分证据予以证明，或者是为酌情废弃该船舶的目的，缔约方不得拒绝船舶使用其港口服务。

若有充分证据显示做出拒绝某船舶使用其港口的决定依据不足或失当，或这些依据已不再适用，则该缔约方应撤回拒绝使用其港口的决定，并及时通知船旗国并酌情通知有关沿海国、区域性国际渔业管理组织和其他相关国际组织。

（三）港口检查

1. 检查水平和重点对象

《港口国措施协定》要求各缔约方对在其港口的一定数量的船舶进行检验，并应酌情通过区域性国际渔业管理组织、FAO或其他方式，就最少应检验的船舶数量，达成协议。

检查对象的重点应放在以下种类的船舶。

（1）根据《港口国措施协定》曾被拒绝进港或使用港口的船舶；

（2）其他有关方、国家或区域性国际渔业管理组织要求进行检验的有关船舶，尤其是这种要求附带着该船从事IUU捕捞或支持IUU捕捞相关活动的证据的；

（3）有明确理由怀疑该船曾从事IUU捕捞或支持IUU捕捞相关活动的其他船舶。

2. 检查的内容

各缔约方应确保其检查员至少检查以下事项，并评估是否掌握明确证据，确信渔船从事IUU捕捞或支持IUU捕捞相关活动。

（1）尽可能核实船上有关渔船的证明文件和船主信息的真实、完整和正确性，必要时可与船旗国适当联系或查询国际渔船记录。

（2）核实船旗和识别标志与文件中的信息一致。

（3）尽可能核实捕捞及相关活动的授权是真实、完整、正确的，并符合进港申报时提供的信息。

（4）尽可能审查船上所有相关文件和记录，包括其电子版和船旗国或相关区域性国际渔业管理组织提供的渔船监测系统数据。相关文件可包括日志、捕捞、转运和贸易文件、船员名单、装载计划和图示、鱼舱说明和根据《CITES公约》所需提供的文件。

（5）尽可能检验船上所有相关渔具，包括任何隐藏的渔具及相关装置，并尽可能核实渔具符合授权条件。

（6）尽可能确定船上所载渔获物是否按授权书上规定的条件捕获。

（7）检验渔获物的数量和构成。

3．检查的程序要求

（1）由专门授权的检查员进行。检查员在检查前应向船长出示证明其检查员身份的有效证件。

（2）缔约方应确保检查员对船舶所有相关区域、船上鱼货、渔网和其他渔具、设备以及船上与查证其是否遵守有关养护和管理措施相关的文书或记录等全部进行检查。

（3）缔约方应要求船长向检查员提供所有必要协助和信息，并根据要求提交相关材料和文书或其核准无误的副本。

（4）如与船舶的船旗国有适当安排，应邀请船旗国参加检查。

（5）尽可能避免造成船舶的不合理滞延，尽可能降低对船舶的妨碍和不便，避免对船上鱼货质量产生不利影响的行动。

（6）尽可能与船长或高级船员进行沟通，包括在可行且必要时配备翻译。

（7）确保检查方式公正、透明、无歧视，不致对任何船舶构成骚扰，并根据国际法，不干扰船长在检查过程中与船旗国当局联络。

4．检查结果的处理

《港口国措施协定》在附录中提供了一份作为检查结果的表格，要求作为每次检查结果的书面报告的最低标准，必须包含其中规定的信息。

缔约方应将每次检查的结果发送给受检船舶的船旗国，并酌情发送给以下有关方面。

（1）相关缔约方和其他国家，包括检查证明该船在其国家管辖水域内从事IUU捕捞及捕捞相关活动的国家、船长为其国民的国家。

（2）有关的区域性国际渔业管理组织。

（3）FAO和其他有关国际组织。

5．电子信息交换

为促进协定的执行，《港口国措施协定》要求各缔约方尽可能建立沟通机制，在合理尊重保密要求的情况下，进行直接的电子信息交换，并与其他相关多边和政府间计划合作建立信息交流机制，最好由FAO协调，并促进与现有数据库交流有关《港口国措施协定》的信息。为此，缔约方应指定主管机构，作为协定框架下开展信息交流的联络点，并通知FAO。FAO应请相关区域性国际渔业管理组织提供其通过和实施的涉及协定的措施或决定情况，以便尽可能在充分考虑到相关保密要求之后，将其纳入信息分享机制。

6. 港口国检验后的行动

检查完成后，如果有明确证据相信被检查船舶从事IUU捕捞及捕捞相关活动，检查方应将调查结果及时通知船旗国并酌情通知相关的沿海国、区域性国际渔业管理组织和其他国际组织及该船船长的国籍国。如果尚未对该船舶采取措施，则应采取措施，拒绝其利用港口对先前未曾卸载过的渔获物进行卸载、转载、包装或加工或使用其他港口服务，特别包括加燃料和补给、维修和进坞等活动，但为船员安全或健康或船舶安全所必需的港口服务不应拒绝。检查方还可采取符合国际法的其他措施，包括有关船舶的船旗国明确要求或同意的措施。

7. 港口国的追索情况

《港口国措施协定》规定，缔约方应保持向公众提供所采取的港口国措施的追索权相关信息，并根据书面请求，向船舶所有人、经营人、船长或代表提供。这些信息应包括关于公共服务或司法机构的信息以及该缔约方在因任何所谓违法行动而遭受损失或损害情况下，是否有权按照其国家法律法规索求补偿的情况。

缔约方应酌情将任何此类追索行动的结果通知船旗国、船舶所有人、经营人、船长或代表。对于向其他缔约方、国家或国际组织通报的先前决定，缔约方应向他们通报对决定作出的任何变动情况。

（四）船旗国的作用

各缔约方应要求悬挂其国旗的船舶，在按照《港口国措施协定》执行的检查中，与港口国合作。当某缔约方有明确理由相信某悬挂其国旗的船舶从事IUU捕捞及捕捞相关活动，且正在寻求进入另一国港口或正在另一国港口停泊时，应酌情要求有关国家对船舶进行检查或采取符合《港口国措施协定》的其他措施。

各缔约方应鼓励悬挂其国旗的船舶，在遵守《港口国措施协定》或其行为方式与该协定规定相符的国家的港口，进行鱼货卸载、转运、包装和加工，并使用其他港口服务。鼓励各缔约方通过区域性国际渔业管理组织和粮农组织，制定公正、透明和非歧视性的程序，查明不遵守协定或行为方式与协定不符的任何国家。

港口国检查后，若某船旗国缔约方收到检查报告，表明有明确理由相信悬挂其国旗的船舶从事了IUU捕捞及捕捞相关活动，该缔约方应立即全面调查，一旦获得充足证据，应立即按照其法律法规采取执法行动，并应向其他缔约方和有关港口国以及酌情向其他有关国家、区域渔业性国际管理组织和FAO报告处理情况。

各缔约方应确保适用于悬挂其旗帜的船舶的措施至少与港口国措施同样有效。

第二章　有关远洋渔船的国际公约和管理制度

本章要点:《国际渔船安全公约》、国际救助公约、《国际渔船船员培训、发证和值班标准公约》《国际防止船舶造成污染公约》《2001年国际燃油污染损害民事责任公约》等主要内容。

第一节　《国际渔船安全公约》相关内容

《1977年国际渔船安全公约》于1977年11月2日在西班牙的托列莫利诺斯签订。由于《国际海上人命安全公约》的有关规定明显地不适用渔船，经各缔约国的共同努力，商订了有关渔船的构造和装备的统一原则和规则，借以指导渔船及其船员的安全，这里只介绍附则一中的渔船构造和设备规则的有关内容。

本附则适用于长度不小于24 m的新渔船，包括加工本船渔获物的渔船。但不适用于专门从事下列用途的船舶。

（1）体育或游览的船舶。

（2）加工鱼类或其他海洋生物的船舶。

（3）调查船和实习船。

（4）鱼货运输船。

渔船构造和设备规则共10章154条，包括总则；构造、水密完整性和设备；稳性与适航性；机电设备和定期无人机舱；防火、探火、灭火和救火；船员的保护；救生设备；应变部署、集合与操练；无线电报与无线电话；船舶航行设备。现按我国农业农村部颁发的职务船员考试大纲的要求，将有关内容介绍如下。

一、船舶检验与证书

（一）检验

1．每艘船舶应接受的检验

（1）初次检验。船舶营运前和首次签发《国际渔船安全证书》前进行，以确保渔船构造和设备完全符合本附则的要求。

（2）定期检验的间隔和期限。

①船舶的结构和机器定为四年。如果船舶内外部经过检验，认为合理和实际可行的则可展期一年。

②船舶其他设备定为两年。

③船舶无线电设备和无线电测向仪定为两年。定期检验应保证初次检验项目，尤其是安全设备，完全符合本附则的要求。

（3）期间检验。由主管机关对船舶结构或机器与设备按一定间隔期限进行的检验。这项检验应保证不致产生对船舶或船员安全有不利影响的变更。这种期间检验和其间隔期限应填入《国际渔船安全证书》和《国际渔船免除证书》中。

2．执行者

凡实施本附则各项规定的船舶检验，应由主管机关的官员来执行。但是，主管机关可以委托为此目的而指定的验船师或其认可的机构来执行检验。在各种情况下，主管机关应确保检验的完整性和有效性。

3．其他规定

根据本条款规定的任何检验完成后，凡是经过检验的结构、设备、部件、布置或材料直接替换这些设备或部件者外，非经主管机关准许，一概不得有重大变动。

（二）证书的签发

（1）船舶经检验，符合本附则相应的要求而签发的证书称为国际渔船安全证书。对于根据和按照本附则的规定受到某项免除的船舶，除发给《国际渔船安全证书》以外，尚应发给《国际渔船免除证书》。

（2）上述证书均应由主管机关或经主管机关正式授权的任何个人或组织签发。但无论谁签发，主管机关都应对证书完全负责。

（三）另一缔约国代发证书

（1）一个缔约国可应另一缔约国的请求对船舶进行检验，如认为符合本附则的要求，应按本附则规定发给或授权发给证书。

（2）证书和检验报告的文本应尽快提交给请求国主管机关。

（3）如此签发的证书务必载明是受他国主管机关的委托而签发的。此项证书与上述《国际渔船安全证书》和《国际渔船免除证书》具有同等效力，并受同样的承认。根据本附则签发的各项证书或核实无误的副本都应贴在船上明显易见的地方。

（四）证书有效期限

（1）《国际渔船安全证书》期限不超过四年。除下列规定者外，还需经过定期检验和中间检验，证书展期不应超过一年。国际渔船免除证书有效期不应超过国际渔船安全证书。

（2）证书期满或中止时，如船舶不在船旗国港口，缔约国可将该证书展期，但此项展期仅以能使该船完成其驶抵缔约国港口或预定检验国家的航次为限，而且仅在正当合理的情况下才能如此办理。

（3）证书展期不得超过五个月，经过这样展期的船舶，在抵达船旗国或预定检验国家的港口之后，不得因获得上述展期而在未领到新证书前驶离该港。

（4）未经根据规定展期的证书，主管机关可自该证书所载日期届满之日起，给予至多一个月的宽限期。

(五)在下述情况下证书将失效

(1)未经主管机关许可，船舶结构、设备、属具、布置和材料发生重大变更者，但直接代替这些设备或属具者除外。

(2)船舶在规定的期限内，或在业已展期的证书期限内，未进行规定的定期检验和中间检验者。

(3)就缔约国之间，当船舶更换另一国的国旗时，船舶原来的船旗国，应尽可能快地和更换前船上所持有的各种证书的文本函寄给另一个缔约国，若备有有关检验报告文本者，也应随寄。

二、操舵装置

(1)船舶应当具备经主管机关认可的主操舵装置和驱动舵叶的辅助设施。两者的布置应尽可能合理可行地不致因其中之一有简单失误而影响到另一套无效。

(2)如果在主操舵装置处具有两个或两个以上相同的动力机组，当其中的任一机组不能工作时，该主操舵装置仍有能力按下述第(10)款的要求进行操舵，则不需配备辅助操舵装置，每一个动力机组应由各自分立的电路进行操作。

(3)当动力启动后，应在驾驶室显示舵的位置，动力操舵装置的舵角指示器，应独立于操舵控制系统。

(4)任一操舵装置机组的失误事故均应在驾驶室获得警报。

(5)驾驶室中应装有显示电动和电动液压操舵装置运转状态的指示器，线路和电机应装有短路保护、过载报警器和无压报警器。若设过电流保护装置，应定为不小于电机或电流的满载电流的二倍，并应为允许适宜的启动电流通过。

(6)主操舵装置应具有足够的强度和在最大营运航速时充分操纵船舶。主操舵装置的舵杆应设计成当船舶处在最大速度倒车时，或当渔捞作业中作机动航行时应不致损坏。

(7)主操舵装置应能使船舶在最大容许营运吃水以最大航速前进时把

舵自一舷35°转至另一舷35°，同时舵从一舷35°转至另一舷30°应不超过28秒钟。凡须实现上述要求的船舶，其主操舵装置应为动力操作。

（8）主操舵装置的动力机组应设置成当动力经失误而恢复后，能在驾驶室借手动启动或自动启动。

（9）驱动舵叶的辅助设施应有足够强度和足以操纵处于可航速度的船舶，并在应急情况下能迅速投入使用。

（10）辅助操舵设施应能使船舶在1/2最大营运航速或以7节航速（取大者）前进时，把舵从一舷侧15°转至另一舷侧15°不超过60秒。凡须实现上述要求的辅助操舵设施，应是动力操作。

（11）长度不小于75m的船舶，其电动或电动液压操舵装置应至少被双回路的来自主配电板的电路所反馈。

三、航行设备

（一）罗经

1．长度不小于45m的船舶

该规格的船舶应该安装以下设备。

（1）一具装在合适罗经柜里的经主管机关认可的标准磁罗经，其位置应安装在船舶中心线上。

（2）一具装在合适罗经柜里的操舵罗经，其位置应邻近舵工的主操舵装置。但在此位置应能提供（1）项所要求的标准罗经的反射像，此操舵罗经应安装在主管机关认可的适当位置。

2．长度小于45m的船舶

该规格的船舶应该安装以下设备。

（1）一具装在合适的罗经柜里的标准磁罗经，其位置应在船舶的中心线上，并应在邻近主操舵位置上提供其反射影像以供舵工操舵。该设备的安装应符合主管机关要求；

（2）一具装在合适罗经柜里的操舵磁罗经，其位置应靠近主操舵装置，在此位置处不必提供供舵工操舵用的标准罗经的反射像。

3．要配电罗经的船

（1）在长度不小于75m的船舶。

（2）长度小于75m，预计要在某些其总地磁力的水平分力不足以为磁罗经提供足够航向稳定性的海区作业的船舶。

4．其他要求

（1）电罗经的位置应设置在舵工直接地或从主操舵位置处的复示器上能读数之处，并应安装经主管机关认可的一个附带复示器或用以测方位的多个复示器。

（2）安装电罗经处能被舵工从主操舵位置上直接或从复示器上读数，又若标准磁罗经的反射像已可被舵工用于操舵者，则不须再设操舵罗经。

（3）应提供设备使昼夜都能观测罗经方位。

（4）磁罗经应经适当校正，且在船上应备有一份剩余自差曲线图表。

（5）装有带传递装置的磁罗经和复示器处应备有经主管机关同意的应急电源。

（6）应提供照明和使之变暗淡的设备，以便随时都能阅读罗经卡。若照明系由船舶主用电源供电，则应急照明须有效。

（7）在仅有一具磁罗经的船上，应配有备用的可与磁罗经互换的磁罗经盆。

（8）在标准罗经位置与正常航行操纵位置（若没有）应急操舵位置之间，应设通话管或其他适当的联络装置并经主管机关同意。

（二）测深设备

（1）长度不小于45m的船舶，应配备回声测深装置并经主管机关同意。

（2）长度小于45m的船舶，应根据主管机关的要求配备适用于测定船底下水深的工具。

（三）雷达设备

（1）长度不小于45m的船舶，应安装雷达设备并经主管机关同意。

（2）长度小于45m的船舶上装有雷达者，其设备应经主管机关同意。

（四）航海仪器与图书资料

合适的航海仪器、足够的最新海图、航路指南、灯标表、航海通告、潮汐表和一切其他对预计航行所必需的航海图书资料，皆应配备并经主管机关同意。

（五）信号设备

（1）应配备一盏白昼信号灯，其操作不应完全依赖主用电源。在任何情况下不供电都应包括一组可携电池。

（2）长度不小于45 m的船舶，应配备整套的信号旗和三角旗，以便能使用生效的国际信号规则进行通信。

（3）在所有的船舶上都应备有生效的国际信号规则。

（六）测向仪

长度不小于75 m的船舶应安装符合规定的无线电测向仪。

（七）速度与计程仪

长度不小于75 m的船舶，应安装合适的仪器用以测量对水速度和距离。主管机关认为航线性质或船舶的近海特性不必执行者，可免除以上各项的要求。

第二节　国际救助公约

一、《1910 年救助公约》

《1910年救助公约》于1910年9月23日在布鲁塞尔召开的第三届海洋法外交会议上通过，1913年3月1日起生效。世界上主要航运国家都是该公约的参加国，我国没有参加，但《中华人民共和国海商法》有关海上救助内容基本与其相同。其主要内容包括以下几点。

（一）公约的适用范围

公约适用于对遇难的海船的救助，或海船和内河船相互间的救助，而不论救助发生在何种水域。换言之，救助船与被救助船之一或两者均是海船时，公约才适用。公约不适用于军事舰艇或专门用于公务的政府公务船。这种船舶救助商船，或商船对这种船舶的救助，或者这种船舶相互之间的救助，公约都不适用。此外，如果救助的所有当事方与受理案件的法院属于同一国家，则公约不适用，而适用其国内法。

（二）救助标的

公约将救助标的限定为船舶、船上财物以及船上货物的到付运费。

（三）救助报酬的确定与分配

公约采用“无效果一无报酬”原则，规定凡是已取得效果的救助，救助人均有权获得公平的报酬。

（四）不可以获得救助报酬或救助报酬应酌减的情况

（1）被救助方明白、合理地拒绝救助，但救助人仍参与救助时，救助方不可以获得报酬。

（2）由于救助人的过失，以致被救助船必须救助，或者救助人有盗窃或接受被盗货物或其他欺诈行为时，法院可酌减救助人可得的救助报酬或拒绝给以救助报酬。

（3）拖船对被拖船的救助。

（4）对海上人命的救助。

（五）救助协议的无效或变更

救助协议通常是救助人与被救助人在被救助船舶处于危险的紧急情况下签订的。有时，救助人乘人之危，索取过多的救助报酬；有时，双方对救助作业的难度没有加以仔细估计的时间余地，结果是双方约定的报酬的数额不合理。为此，公约在上述两种情况下，经当事人一方的请求，赋予法院宣布救助协议无效或对救助协议予以变更的权利。

（六）诉讼时效

公约规定，救助报酬请求权的诉讼时效期为两年，自救助行为结束之日起算。

二、《1989 年国际救助公约》

《1989年国际救助公约》于1989年4月17日至28日由国际海事组织在伦敦举行的外交会议上通过。与《1910年救助公约》相比较，《1989年救助公约》扩大了救助标的范围和公约的适用范围，增设了特别补偿条款和某些改善救助人地位的条款，并明确了船长签订救助合同的权利等。

（一）救助标的范围

1．船舶

船舶系指任何船只、艇筏或任何能航行的构成物。因此，船舶可以是海船，也可以是内河船，也包括搁浅船、被弃船或沉船。

2．财产

财产系指非永久性地和有意地与海岸相连的任何财产，包括具有风险的运费。

3．运费

运费是指船上客货的到付运费。

（二）公约的适用范围

根据公约的规定，即使救助双方所在国均非公约的参加国，或者救助船与被救助船均非公约参加国的船舶，但只要当事一方在公约的参加国提起诉讼或仲裁，公约就适用。公约所适用的水域是指可航水域或任何其他水域。

（三）确定救助报酬的依据

（1）获救的船舶和其他财产的价值。

（2）救助人防止或减轻环境损害方面的技能与努力。如果在对船舶和其他财产成功地救助的同时，救助人在防止或减轻环境损害上发挥了技能和作出了努力，其可得的救助报酬数额亦可相应提高。

（3）救助人获得效果的程度。

（4）危险的性质和程度。

（5）救助人在救助船舶、其他财产和人命中的技能与努力。如果救助人既对船舶或财产进行成功的救助，又救助了人命，且发挥了较高的技能和作出了较大的努力，则其可得的船舶或财产的救助报酬亦可相应增加。同样，即使人命救助人没有参加船舶或财产的救助，只要他发挥了较高的技能和作出了较大的努力，他从船舶或财产救助那里分享的份额可相应提高。

（6）救助人所用时间、所耗费用和所受损失。

（7）救助人或其设备所冒的责任风险和其他风险。

（四）特别补偿

特别补偿是公约采用“无效果一有补偿”原则的体现。救助人获得特别补偿的前提有两个：第一是任何船舶或船上任何货物具有环境损害的威胁；第二是救助人对这种船舶或货物进行的救助无效果或效果不明显，从而救助人不能得到救助报酬或可得的报酬少于其所花费用。特别补偿的数额分下列两种情况确定。

（1）如果未能防止或减轻环境损害，特别补偿的数额为相当于救助人所花的费用。

（2）如果防止或减轻了环境损害，特别补偿的数额增加到救助人所花费用的130%，特殊情况下增加到该费用的200%。

上述特别补偿的数额，支付时应扣减救助人可能得到的或已得到的救助报酬。

（五）若干改善救助人地位的规定

（1）被救助人具有接受获救船舶或财产的义务。当获救船舶或财产被送至安全地点后，经救助人提出合理的移交要求，获救船舶或财产的所有人应及时接受船舶或财产。

（2）被救助人具有提供担保的义务。船舶或财产获救后，其所有人应向救助人提供满意的担保。如果被救助人不提供满意的担保，救助人对获救的船舶或财产具有留置权。

（3）被救助人具有先行支付救助报酬的义务。法院或仲裁机构有权在案件结束之前，决定被救助人预先支付公平合理的报酬份额。

（六）船长签订救助合同的权利

船长有权代表船舶所有人签订救助合同。同时，船长和船舶所有人有权代表船上所载货物的所有人签订救助合同。

（七）公共当局的救助

对于公共当局进行或控制下的救助作业，救助人仍有权享受公约规定的权利，但公约所适用的程度，应由当局所在国家的国内法予以确定。因此，如果国内立法许可，公共当局，如负责海上交通安全的机构，参与了船舶或财产的救助并获得成功，亦可请求救助报酬。

第三节　国际渔船船员培训、发证和值班标准公约

国际海事组织于1978年7月通过了《1978年国际海员培训、发证和值班标准公约》。1993年国际海事组织的培训、发证和值班标准分委员会第24次会议上，决定将渔船船员与国际海员分开，单独签订一个公约，以适应海洋渔业发展的需要。1995年7月，国际海事组织正式通过了《1995

年国际渔船船员培训、发证和值班标准公约》。该公约规定缔约国对非缔约国不应给予任何优惠，所有渔船进入缔约国的港口应服从其主管机关的监督检查。如不符合规定要求，缔约国港口机关有权滞留船舶，直到改正为止。

该公约主要是对长度24m及以上的渔船，分别在无限水域或有限水域作业的船长、驾驶员发证的强制性最低要求和最低知识要求；主机功率750千瓦及其以上的渔船轮机长、大管轮的相应最低要求；无线电操作员的相应要求，特别强调了“全球海上遇险和安全系统”（GMDSS）无线电操作员的要求。同时，对所有船员的基本安全训练，除原有的海上急救、海上求生、救生艇筏操纵和船舶消防等四项外，增加了应急措施和防止海洋环境污染等两项。

一、无限水域作业的船长发证

（一）强制性最低要求

（1）对长度不小于24m的渔船在无限水域作业的每个船长应持有一本相应证书。

（2）每个申请发证的应试者应符合以下额外要求。

①符合缔约国对体检要求，特别是视力和听力。

②符合长度不小于24m的渔船在无限水域作业负责航行值班驾驶员的发证要求，并在长度为不小于12m的渔船上负责航行值班驾驶员或船长，具有认可的不少于12个月的海上资历。

（3）已通过缔约国满意的相应考试或适任测评考试。

（二）最低知识要求

下列大纲是为报考长度不小于24m的渔船在无限水域作业的船长证书的应试者而编写的。意识到船长在所有时间内，包括捕捞作业期间对渔船及其船员的安全负有最高的责任，因此，对这些科目的考试应按本大纲测试，应试者对影响到船舶及其船员安全的所有可用资料予以融会贯通。

（1）航行和定位。

（2）值班。

（3）雷达导航。

（4）磁罗经和电罗经。

（5）气象学和海洋学。

（6）渔船操纵。

（7）渔船结构和稳性。

（8）渔获物的装卸与积载。

（9）渔船动力装置。

（10）防火和灭火设备。

（11）应急措施。

（12）医护。

（13）海事法律。

（14）英语。

（15）通讯。

（16）救生。

（17）搜寻和救助。

（18）联合国粮食及农业组织（FAO）、国际劳工组织（ILO）、国际海事组织（IMO）、《渔民和渔船安全准则》所需的有关知识。

（19）表明熟悉业务的方法。

二、无限水域作业的负责航行值班驾驶员发证

（一）强制性最低要求

（1）长度不小于24 m的渔船在无限水域作业的每一负责航行值班驾驶员应持有相应的证书。

（2）每个申请发证的应试者应满足以下条件。

①年龄不小于18岁。

②符合体检的要求，特别是视力和听力。

③有在长度不小于12 m的渔船甲板工作不少于2年认可的海上资历，或可按《1978年STCW公约》规定认可的记录簿作证所认可的海上资历。

④已通过相应的考试或适任测评考试。

⑤相应地履行《无线电规则》所指定的无线电职责。

（二）最低知识要求

下列大纲是为报考长度不小于24 m在无限水域作业的负责航行值班驾驶员证书的应试者而编写的。

（1）天文航海。

（2）地文航海和沿岸航行。

（3）雷达导航。

（4）值班。

（5）电子定位和导航系统。

（6）气象学。

（7）磁罗经和电罗经。

（8）通讯。

（9）防火和灭火设备。

（10）救生。

（11）应急措施和渔船船员安全工作实习。

（12）渔船操纵。

（13）渔船结构。

（14）船舶稳性。

（15）渔获物的装卸和积载。

（16）英语。

（17）医护。

（18）搜寻和救助。

（19）防止海洋环境污染。

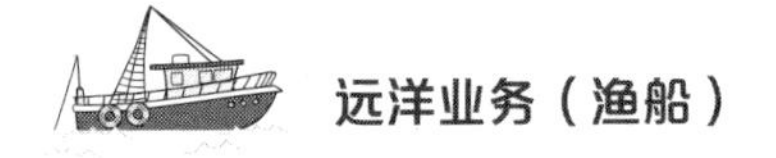

三、全球海上遇险和安全系统（GMDSS）的要求

（一）"全球海上遇险和安全系统"（GMDSS）无线电发证的最低要求

（1）每个在渔船上负责或履行无线电通讯职责的人员都应持有主管机关按《无线电规则》规定所签发或认可的证书。

（2）每个申请发证应试者应满足以下条件。

①年龄不小于18岁。

②符合体检要求，特别是视力和听力。

③每个申请发证应试者应通过一次或多次考试，并合格。

（二）"全球海上遇险和安全系统"（GMDSS）无线电人员的最低知识和培训的要求

除了满足《无线电规则》签发适任证书的要求外，每个申请发证的应试者还应具有下列知识。

（1）无线电应急业务的规定。

（2）搜寻和救助的无线电通讯，包括《商船搜寻和救助手册》（MERSAR）程序。

（3）防止发射假遇险警报的方法和制止假遇险警报影响的程序。

（4）船舶通报系统。

（5）无线电医疗业务。

（6）使用《国际信号规则》和《标准海上通讯词组》。

（7）有关无线电设备对船舶和人员安全危害的预防措施，包括电气和非离子辐射的危害。

四、船长、驾驶员掌握新知识的强制最低要求

（1）每个在海上服务或在岸上一段时间后欲重返海上服务的持有证书的船长和驾驶员，为了继续适应海上服务，要求他在不超过5年的间隔中，需要满足体检合格（特别是视力和听力），在其有效证书上岗前，已作为编外的驾驶员在渔船上完成不少于3个月的海上资历。同时，在5年期间，至

少具有一年的船长或驾驶员经历或具有下列资格。

①具有完成有关相适应于其所持证书级别渔船操作技能的能力。

②通过认可的考试。

（2）主管机关对按规则要求的进修课程和更新知识课程应予认可，包括有关海上人命安全和海洋环境保护的有关国际规则的最新变动内容。

（3）主管机关应保证在其管辖的船上对海上人命安全和海洋环境保护的有关国际规则的最新变动的内容行之有效。

五、渔船船员的基本安全培训

任何渔船船员在到船任职前，应接受主管机关所认可的下列范围的基本培训。

（1）求生技术。

（2）防火和灭火。

（3）应急措施。

（4）急救方法。

（5）海洋污染的防止。

（6）海上意外事故的预防。

六、值班

主管机关应指导渔船所有人、渔船经营人、船长和值班人员注意遵守值班原则，以保证在任何时候都能保持安全航行值班。每艘渔船船长必须保证值班的安排适于保持安全航行值班。在船长的统一指挥下，值班驾驶员在其值班期间负责船舶的安全航行，特别注意避免碰撞和搁浅。

（一）渔场往返

1.航行值班的安排

（1）值班安排在任何时候都必须充分考虑适应当时的环境和情况，并必须保持正规的瞭望。

（2）在决定值班安排时，特别考虑下列因素。

在任何时候，驾驶室不许无人看管；天气状况、能见度，不论是白天还是黑夜；临近航行障碍物时，可能需要负责值班的驾驶员执行额外的航行职责；助航仪器，如雷达或电子定位仪，以及影响船舶安全航行的任何其他设备等的使用和操作条件；船上是否装有自动操舵装置；由于特殊的作业环境可能产生对航行值班的特别要求。

2．对职责的适任

值班制度应使值班人员的工作效率不因疲劳而受影响。值班的编排应使航行开始时的第一班及其以后各班的接班人都能得到充分休息，或使其适任职责。

3．航行

（1）对预定的航线应在研究一切有关资料后事先计划，并在启航前对制定的计划进行核对。

（2）在值班期间，应使用一切可用的助航仪器，对所驶的航向、船位和速度，经常进行核对，以确保本船沿着计划航线行驶。

（3）负责航行值班的驾驶员应充分了解船上所有安全和航行设备的放置地点和操作方法，并应注意和考虑到这些设备操作上的注意事项。

（4）负责航行值班的驾驶员不应被分配或担负妨碍船舶安全航行的职责。

4．航行设备

（1）负责值班的驾驶员应最有效地使用所有航行设备。

（2）在使用雷达时，负责值班的驾驶员必须记住，在任何时候都需要遵守适用海上避碰规则中所载的有关使用雷达的规定。

（3）在需要时，值班驾驶员应毫不犹豫地使用舵、主机和音响灯光信号装置。

5．航行职责

（1）负责值班的驾驶员应在驾驶室坚持值班；在正式交班之前，无论如何都不得离开驾驶室；对船舶航行安全负责，即使船长在驾驶室，直到船长明确通知他，船长已承担责任并彼此领会时；当为了安全而采取行动产生疑问时，要通知船长，如有理由确信接班的驾驶员显然不能有效地履行值班职责，可不向接班的驾驶员交班。在这种情况下，必须通知船长。

（2）接班驾驶员接班时，应对本船的估计船位或真船位表示满意，并证实其预定的航迹、航向和航速，还应注意在值班期间预计可能遇到的任何航行危险。

（3）在值班期间无论如何应切实地将有关本船航行动态和活动做好航海日志。

6．瞭望

（1）应按《1972年国际海上避碰规则》第5条保持正规的瞭望，瞭望应遵守下列各项原则。

①以视觉、听觉和其他一切有效的手段，持续地保持警惕状态，注意在作业环境中任何重要的变化。

②充分估计局面和碰撞危险、搁浅和其他航行的危险，如发现遇难的船舶和飞机、船舶遇难人员、沉船和碎片等。

（2）确定航行值班编制应充分，并保证能持续地保持正规的瞭望，船长应考虑到所有有关规则、规定以及下列因素。

①能见度、天气和海上的状况。

②通航密度和船舶航行水域内所出现的其他活动。

③当航行在或接近分道通航制区域。

④因船舶活动特性、应急操作的需要和预防演习等而产生的额外负担。

⑤舵和螺旋桨的控制，以及船舶操纵特性。

⑥所有船员随叫随到、各尽其责，并可被分配成为值班成员。

⑦船上高级船员和船员具有适任专业的知识和信心。

⑧航行值班的驾驶员的经验，以及其熟悉船上设备、使用方法和操作能力。

⑨在任何特殊时候发生在船上的事情，以及在需要时，协助人员能立即应召到驾驶室。

⑩驾驶室中仪器的操作状态和控制，包括警报系统、船舶尺度和驾驶指挥位置的有效视野。

⑪驾驶室的形状，该形状大小可使值班人员对视听外界动态的判断不受到抑制。

7.海洋环境保护

船长和负责值班驾驶员应了解因操作或意外事故而造成的海洋环境污染的严重后果，并应采取一切可能的预防措施，特别应采取有关国际规则和港章规定的预防措施，以防止这类污染。

8.天气状况

负责值班的驾驶员对天气反常变化，包括连续结冰状况可能会影响船舶安全时，应采取有关措施，并通知船长。

（二）有引航员在船上时的航行

引航员在船上引航并不解除船长或负责值班驾驶员对船舶安全所负的职责和义务。船长和引航员应交换有关航行方法、当地情况和船舶特性等资料。船长和负责值班驾驶员应与引航员密切合作，并对船位和船舶动态作精确的查核。

（三）捕捞船和探捕船

（1）除航行有关要求外，负责值班驾驶员还应考虑到下列因素和正确地采取行动。

①其他捕捞船和其渔具、本船操纵性能，尤其是停船距离和航行时的回转半径，以及拖带渔具时的回转半径。

②甲板上船员的安全。

③因捕捞作业、渔获物装卸和积载、异常海况和天气状况等而产生的外力对船舶安全带来的不利影响，以及稳性和干舷的降低对其船员安全带来的不利影响。

④邻近沿岸的建筑物，尤其是关于安全区域、沉船和危及渔具的其他水下障碍物。

（2）在装载渔获物时，应注意返港航行整个期间内的任何时候都留有充分的干舷、稳性和水密性的必要要求，还应考虑燃料和备用品的消耗、异常天气状况的危险，尤其是冬季甲板上连续结冰的危险，或是容易发生连续结冰的露天甲板以上地方。

（四）值锚更

船长应从船舶和船员的安全出发，保证渔船锚泊时，在驾驶室或甲板上任何时候保持正常的值班。

（五）无线电值班

船长根据《无线电规则》的要求，应保证在海上用相应频率保持能胜任的无线电值班。

第四节　《国际防止船舶造成污染公约》相关内容

国际海事组织（IMO）于1973年10月在伦敦召开国际海洋污染会议，签订了《1973年国际防止船舶造成污染公约》；1978年2月，国际油轮安全和防污染会议又签订了上述公约的议定书，对公约进行了修改和补充，并于1983年起生效（简称MARPOL 73／78）。公约通过控制船舶及设备状态和人员操作，防止船舶污染海洋环境。IMO及其海洋环境委员会（MEPC）于1990年起相继对公约附则内容进行了修正，公约有关内容同样适用于渔业船舶。

公约内容有：防止油污规则（附则Ⅰ），防止散装有毒液体物质污染规则（附则Ⅱ），防止海运包装形式有害物质污染规则（附则Ⅲ），防止船舶生活污水污染规则（附则Ⅳ），防止船舶垃圾污染规则（附则Ⅴ），防止船舶造成大气污染规则（附则Ⅵ）等。

由于附则Ⅱ、附则Ⅲ与渔船基本无关，因此渔业船舶船员应重点熟悉附则Ⅰ、附则Ⅳ、附则Ⅴ和附则Ⅵ有关内容。

一、附则Ⅰ——防止油污规则

（一）检验、证书和有效期

规则对油轮及其他船舶的检验提出了严格要求。

（1）凡150总吨及以上的油轮、400总吨及以上的非油轮，应进行下列检验。

①初次检验。

②定期检验。

③期间检验。

④年度检验（或不定期检验）。

（2）150总吨及以上的油轮和400总吨及以上的非油轮，经检验合格应发给一张“国际防止油污证书”，证书有效期由主管机关规定，自签发之日起不得超过5年。船舶在下列情况下证书自行失效。

①未经主管机关许可，对结构、设备、各种系统、附件、布置或材料做了重大改变。

②未进行期间检验。

③船舶变更船旗国（缔约国间允许3个月内申请换领新证）。

（二）船上油污应急计划

（1）每艘150总吨及以上的油轮和400总吨及以上的非油轮，应备有主管机关认可的船上油污应急计划。

（2）应急计划应符合IMO制定的《船上油污应急计划编制指南》要求，并使用船长和驾驶员的工作语言。该计划至少应包括以下几点。

①船长或负责管理该船的其他人员按规定报告油污事故的程序。

②在油污事故中，需联系的有关当局或人员的名单。

③在事故发生后，为减少或控制排油，船上人员需立即采取措施的详细描述。

④在抗污染中，为使船上与国家及地方当局协同行动，需取得联系的程序和要点。

（三）对排油的控制及例外

所有适用规则的船舶除非符合下列条件，不得将油类或油性混合物排放入海。

1．对于油轮（机器处所除外）

（1）不在特殊区域内。

（2）距最近陆地50n mile以上。

（3）正在途中航行。

（4）油量瞬间排放率不超过30L/n mile。

（5）排入海中的总油量，不得超过该项残油所属该种货油总量的1/30000。

（6）所设的排油监控系统和污油水舱设施，正在运转。

2．对于400总吨及以上的非油轮舱底

400总吨及其以上的非油轮舱底，从油轮机器处所（不包括货油泵舱）舱底（不得混有货油残余物）的排放。

（1）船舶不在特殊区域内。

（2）船舶距最近陆地12n mile以上。

（3）船舶正在途中航行。

（4）未经稀释的排出物的含油量不超过15mg/L。

（5）附则要求的船上滤油设备正在运转。

3．对于小于400总吨的非油轮

在特殊区域外时，应将对于小于400总吨的非油轮的残油留存船上并排至接收装置，或按上述2的要求排放入海。

4．在特殊区域内的排油控制

任何油轮和400总吨及以上的非油轮，在特殊区域内时，禁止将油类及油性混合物排放入海。但是要满足以下几点。

（1）清洁压载或专舱压载，可直接排放入海。

（2）经处理的机器处所舱底污水（机舱含油污水）满足下列规定可以排放入海。

①舱底污水不是来自货油泵舱的舱底。

②舱底污水未混有货油残余物。

③船舶正在途中航行。

④未经稀释的排出物的含油量不超过15mg/L。

⑤附则要求的船上滤油设备正在运转。

⑥当排出物含油量超过15mg/L时，该滤油系统备有的停止装置能确保自动停止排放。

小于400总吨的非油轮，当其在特殊区域内时，应禁止将任何油类或油性混合物排放入海，除非未经稀释的这种排出物含油量不超过15mg/L。

上述特殊区域指地中海区域、波罗的海区域、黑海区域、红海区域、“海湾”区域、亚丁湾区域、南极区域和西北欧水域。

（四）防止油污染的设备要求

1.400总吨及以上但小于10000总吨船舶

凡是400总吨及以上但小于10000总吨的任何船舶，应装有规定的滤油设备。该设备的设计应经主管机关批准，而且应保证通过该系统排放入海的油性混合物的含油量不得超过15mg/L。凡载有大量燃油的这种船舶，应符合下述2的规定。

2.10000总吨及以上的任何船舶

凡10000总吨及以上的任何船舶，应装有滤油设备和当排出物的含油量超过15mg/L时能发生报警并自动停止油性混合物排放的装置。

（五）用语含义

1.油类

原油、燃料油、油渣和炼制品在内的任何形式的石油。

2.油性混合物

含有任何油分的混合物。

3.油量瞬间排放率

任一瞬间每小时排油的升数除以同一瞬间船速节数之值。

4．最近陆地

距该国依法规定其领海的基线。

5．污染

在海上是指水域被油类或油性混合物以及其他有害物质所污染。

6．有害物质

危害水中生物生长和造成环境污染的各种物质。

7．燃油

船舶所载有关用作推进和辅助机器的燃料的任何油类。

8．清洁压载

装入已清洗过的货油舱内的压载水，从静态的船舶排入清洁而平静的水中，不会在水面或邻近的岸线上产生明显痕迹，或形成油泥或乳化物沉积于水面以下或邻近的岸线上。

9．专舱压载

装入与货油或燃油系统完全隔绝并固定用于装载压载水的舱内的水。

二、附则Ⅳ——防止船舶生活污水污染规则

（一）概述

本附则适用于从事国际航行的400总吨及以上的新船或小于400总吨但经核定可载运15人以上的新船；400总吨及以上的现有船舶或小于400总吨但经核定可载运15人以上的现有船舶于附则生效5年后适用。

生活污水系指以下几种。

（1）任何形式的厕所、小便池以及厕所排水孔的排出物和其他废弃物。

（2）医务室（药房、病房等）的面盆、洗澡盆和这些处所排水孔的排出物。

（3）装有活的动物的处所的排出物。

（4）混有上述排出物的其他废水。

船舶生活污水处理装置和设施须经主管机关或其授权的任何组织或个人或另一缔约国政府检验和发证。船、岸均应设有船舶生活污水标准排放接头。

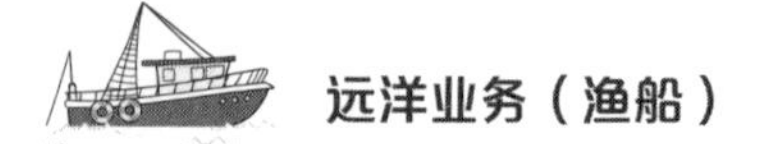

（二）排放条件

船舶应禁止将生活污水排放入海，但下列三种情况除外。

（1）船舶距最近陆地3n mile以外，使用主管机关批准的设备，排放已经粉碎和消毒的生活污水，或距最近陆地12n mile以外排放未经粉碎或消毒的生活污水。但不得将集污舱中储存的生活污水顷刻排光，而应以不少于4节的船舶在途中航行时，以中等速率进行排放，且排放率应经主管机关批准。

（2）船上经批准的生活污水处理装置正在运转，同时该设备的试验结果已写入该船的《国际防止生活污水污染证书》，并且排出的这种废液在其周围的水中不应产生可见的漂浮固体，也不应使水变色。

（3）船舶在某一国家管辖水域内，按照该国可能实施的较宽要求排放生活污水。

如生活污水与具有不同排放要求的废弃物或废水混在一起时，则应适应其中较为严格的要求。

三、附则Ⅴ——防止船舶垃圾污染规则

（一）概述

防止船舶垃圾污染规则于1988年12月31日生效。我国于1988年11月21日加入该规则，1989年2月21日起对我国生效。2011年，国际海事组织第MEPC.201（62）号决议，通过了MARPOL附则V——《防止船舶垃圾污染规则》修正案，于2013年1月1日生效。

（二）定义

（1）动物尸体系指任何作为货物被船舶载运并在航行中死亡或被实施安乐死的动物尸体。

（2）货物残留物系指本公约其他附则未规定的、货物装卸后在甲板上或舱内留下的任何货物残余，包括装卸过量或溢出物，不管其是在潮湿还是干燥的状态下，或是夹杂在洗涤水中，但不包括清洗后甲板上残留的货

物粉尘或船舶外表面的灰尘。

（3）食用油系指任何用于或准备用于食物烹制或烹调的可食用油品或动物油脂，但不包括使用这些油进行烹制的食物本身。

（4）生活废弃物系指其他附则未规定的、在船上起居处所产生的所有类型的废弃物。

（5）在航系指船舶正在海上进行一段或多段航行，包括偏离最短的直线航程，这种偏航将尽实际可能出于航行目的，以使排放尽量合理有效地扩散至大片海域。

（6）渔具系指任何以捕捉、控制以便随后捕捉或收获海洋或淡水生物为目的而布设于水面、水中或海底的实物设备或其任何部分或部件组合。

（7）固定或浮动平台系指在海上从事海底矿物的勘探、开采或相关近海加工的固定或浮动的结构。

（8）食品废弃物系指船上产生的任何变质或未变质的食料，包括水果、蔬菜、奶制品、家禽、肉类产品和食物残渣。

（9）垃圾系指产生于船舶正常营运期间并需要连续或定期处理的各种食品废弃物、生活废弃物、操作废弃物、所有的塑料、货物残留物、焚烧炉灰、食用油、渔具和动物尸体，但本公约其他附则中所界定的或列出的物质除外。垃圾不包括因航行过程中的捕鱼活动和为把包括贝类在内的鱼产品安置在水产品养殖设施内以及把捕获的包括贝类在内的鱼产品从此类设施转到岸上加工的运输过程中产生的鲜鱼及其各部分。

（10）焚烧炉灰系指用于垃圾焚烧的船用焚烧炉所产生的灰和渣。

（11）最近陆地系指该领土按国际法划定的领海基线。

（12）操作废弃物系指其他附则未规定的、船舶正常保养或操作期间在船上收集的或是用以储存和装卸货物的所有固体废弃物（包括泥浆）。操作废弃物也包括货舱洗舱水和外部清洗水中所含的清洗剂和添加剂。考虑到本组织制定的导则，操作废弃物不包括灰水、舱底水或船舶操作所必需的其他类似排放物。

（13）塑料系指以一个或多个高分子质量聚合物为基本成分的固体材质，这种材质通过聚合物制造成型或加热和（或）加压制作成成品。塑料的材质特性从脆硬易碎到柔软有弹性。就本附则而言，“所有塑料”系指所有含有或包括任何形式塑料的垃圾，其中包括合成缆绳、合成纤维渔网、塑料垃圾袋和塑料制品的焚烧炉灰。

（14）特殊区域系指某一海域，在该海域中，由于其海洋地理和生态条件以及其运输的特殊性等公认的技术原因，需要采取特殊的强制办法以防止垃圾污染海洋。本附则的特殊区域指地中海区域、波罗的海区域、黑海区域、红海区域、海湾区域、北海区域、南极区域（南纬60° 以南的海域）和大加勒比海区域（墨西哥湾和加勒比海本身）。

（三）适用范围

除另有明文规定外，本附则须适用于所有船舶。

（四）垃圾的种类

就《垃圾记录簿》（或航海日志）而言，垃圾可分为以下几种。

（1）塑料。

（2）食品废弃物。

（3）生活废弃物。

（4）食用油。

（5）焚烧炉灰。

（6）操作废弃物。

（7）货物残留物。

（8）动物尸体。

（9）渔具。

船上的垃圾量应以立方米估算，如可能，按照种类分别估算。

（五）垃圾处理规定

1. 禁止排放垃圾入海的一般规定

（1）除允许排放的情况和例外规定外，禁止排放任何垃圾入海。

（2）除本附则例外规定外，禁止排放任何塑料入海，包括但不限于合成绳、合成纤维渔网、塑料垃圾袋和塑料制品的焚烧炉灰。

（3）除本附则例外规定外，禁止排放食用油入海。

2．在特殊区域之外排放垃圾

（1）仅当船舶处于在航状态且尽可能远离最近陆地时，方允许在特殊区域之外向海洋排放以下垃圾，但无论如何须做到以下几点。

①在距最近陆地不少于3n mile处排放经粉碎机或研磨机处理后的食品废弃物。这种经粉碎或研磨后的食品废弃物须能通过筛眼不大于25mm的粗筛。

②未经粉碎机或研磨机处理过的食品废弃物，在距最近陆地不少于12n mile处排放。

③对于无法以常用卸载方法回收的货物残留物，在距最近陆地不少于12n mile的地方排放。考虑到本组织制定的导则，这些货物残留物不得含有任何被列为有害海洋环境的物质。

④对于动物尸体，考虑到本组织制定的导则，其排放须尽可能远离最近陆地。

（2）货舱、甲板和外表面清洗水中含有的清洁剂或添加剂可以排放入海，但是，考虑到本组织制定的导则，这些物质不得危害海洋环境。

（3）当垃圾中掺入其他禁止排放或有不同排放要求的物质，或是被此种物质污染时，须适用更为严格的要求。

（六）公告牌、垃圾管理计划和垃圾记录

1．公告牌

（1）总长在12m及以上的船舶，以及固定或浮动平台，均须张贴公告牌，根据具体情况告知船员和乘客有关垃圾的排放要求。

（2）公告牌须使用船员的工作语言，对于航行于本公约其他缔约国管辖权限范围内的港口或离岸式码头的船舶，还须使用英语、法语或西班牙语。

2．垃圾管理计划

100总吨及以上的船舶、经核准载客15人或以上的船舶，以及固定或

浮动平台，须配备垃圾管理计划，且船员均须执行。该管理计划须提供书面的有关垃圾减少、收集、存储、加工和处理，包括船上设施使用的程序。该计划还须指定一名或多名人员负责执行垃圾管理计划。该计划须基于本组织制定的导则并使用船员的工作语言。

3. 垃圾记录簿

（1）垃圾记录簿的配备。

驶向本公约其他缔约国管辖权范围内的港口或离岸式码头的400总吨及以上的船舶和经核准载客15人或以上的船舶，以及固定或浮动平台，均须配备《垃圾记录簿》。《垃圾记录簿》无论是否为官方日志的一部分或其他形式，均须使用规定的格式。

（2）垃圾记录簿的记载。

①每次排放入海或排至某一接收设施，或者完成的焚烧作业，须及时记录在《垃圾记录簿》中并且由主管高级船员在排放或焚烧作业的当日签署。《垃圾记录簿》每页记录完成时须由船长签字。《垃圾记录簿》须至少使用英语、法语或西班牙语填写。如《垃圾记录簿》同时还以船舶的船旗国官方语言填写的，在出现争执或不一致情况时，须以船旗国官方语言填写的为准。

②每次排放或焚烧作业记录须包括日期和时间、船位、垃圾的种类以及排放或焚烧垃圾的估计量。

③《垃圾记录簿》须留存在船舶、固定或浮动平台上的适当处所，以备在所有合理时间内随时可查。该记录簿在完成最后一次记录后须至少保留2年。

④若发生任何例外排放或意外灭失，须在《垃圾记录簿》中予以记录，或者对于400总吨以下的船舶，须在船舶官方日志中予以记录。记录包括排放或灭失的位置、环境和原因，排放或灭失物的详情，以及避免或尽可能减少该类排放或灭失的合理预防措施。

（3）垃圾记录簿的免除。

①经核准载客15人或以上的、持续航行时间为一小时或以下的任何船舶；

②固定或浮动平台。

(4)垃圾记录簿的检查。

本公约缔约国的主管当局可对停靠本国港口或离岸式码头的、本条对其适用的任何船舶上的《垃圾记录簿》或航海日志进行检查，并可将记录簿中任何记录制作副本，也可要求船长证明该副本是有关记录的真实副本。所有经船长证明是船舶《垃圾记录簿》或船舶航日志某项记录的真实副本，须可在任何的诉讼程序中作为该项记录中所记录事实的证据。主管当局根据本款针对《垃圾记录簿》或船舶官方日志的检查以及制作被证明的副本须尽可能迅速进行，不使船舶发生不当延误。

4.报告

当发生可能会对海洋环境或航行带来严重威胁的渔具意外灭失或抛弃时，须向该船的船旗国报告，如灭失或抛弃行为发生在某个沿岸国管辖水域内，还须向该沿岸国报告。

四、附则Ⅵ——防止船舶造成大气污染规则

附则于2005年5月19日生效，2006年8月23日对我国生效。要求所有400总吨或400总吨以上的国际航行船舶必须持有经船旗国或主管机关认可的船级社经检验通过后签发的IAPP证书(国际防止大气污染证书)。

(一)证书的签发和时间要求

1.证书的有效期

证书的有效期自签发日期起有效期五年，同其他证书相同，需进行一年一次的年度检验和两年半一次的中间检验、五年到期的换证检验。

2.证书的初次检验

所有适用的船舶，在2005年5月19日附则Ⅵ生效之后的第一次进坞检验时进行IAPP证书的初次检验，但无论什么情况下，不得迟于2008年5月18日前必须完成初次检验。

（二）主要内容和规定要求

《MARPOL 73/78公约》附则Ⅵ的主要内容是对船舶排放的消耗臭氧物质、氮氧化物（NO_X）、硫氧化物（SO_X）、挥发性有机化合物（VOC_S）及船用焚烧物进行控制，以防止这些排放物对大气的进一步污染。与渔船有关的内容有以下几点。

1. 对消耗臭氧物质的控制

对消耗臭氧物质的控制是对包括有消耗臭氧物质的设备，如灭火器和制冷设备（中央空调、冰箱、冰柜、伙食冰机等），进行控制和检验，以禁止消耗臭氧物质的任何故意排放、并禁止安装含有消耗臭氧物质的新设备。除了含有氢化氯氟（HCFC）的新设备在2020年之前还允许安装外，其他所有的含有消耗臭氧物质的新设备禁止再安装使用。

2. 对氮氧化物（NO_X）的控制

对氮氧化物（NO_X）的控制是对2000年1月1日或以后建造或进行过重大改造过的船舶、输出功率大于130kW的柴油机（但不包括仅用于应急情况下用的柴油机）的排烟中氮氧化物（NO_X）的含量进行限制。

所有以上适用的柴油机必须在船级社的监控下，进行NO_X排放量的测定；如符合附则Ⅵ的规定值，船级社将给每一台柴油机发放EIAPP证书或符合证明。对2005年5月19日前建造或进行过重大改造过的船舶上安装的柴油机免除这个要求。

3. 对硫氧化物（SO_X）的控制

对硫氧化物（SO_X）的控制是对船舶使用的所有燃料油中含硫量进行控制。船舶所使用的燃料油含硫量应不超过4.5%。

第五节　《2001年国际燃油污染损害民事责任公约》有关内容

《2001年国际燃油污染损害民事责任公约》适用于缔约国领土和领海、专属经济区或其领海基线200n mile范围内的水域的污染损害和为预防或减轻这种损害而在无论何地所采取的预防措施。涉及渔船的主要规定有以下几方面。

一、船舶所有人的责任

（1）发生事故时，船舶所有人应对事故引起的任何由于船上装载的或来源于船舶的燃料油所造成的污染损害负责，若该事件包括一系列事故，则船舶所有人的赔偿责任自第一次事故发生时起算。如果这种情况有一个以上的人应对事件负责，那么这些人负连带责任。船舶所有人拥有的独立于公约之外的追偿权利不受损害。

（2）船舶所有人如能证实损害属于以下情况，则不负责任：由于战争行为、敌对行为、内战或武装暴动或特殊的、不可避免的和不可抗拒性质的自然现象所引起的损害；完全是由于第三者有意造成损害的行为或不作为所引起的损害；完全是由于负责灯塔或其他助航设备的维修、保养的政府或其他主管当局在履行其职责时的疏忽或其他过失行为所造成的损害。

（3）如船舶所有人证明，污染损害完全或部分地是由于受害人有意造成损害的行为或不为，或是其疏忽而引起的，则该船舶所有人可全部或部分地免除对该人所负的责任。

（4）当发生涉及两艘或两艘以上船舶事故并造成污染损害时，所有有关船舶的所有人，除上述豁免者外，应对所有无法合理分开的损害负连带责任。

（5）不得对船舶所有人作出公约规定以外的污染损害赔偿。

(6)船舶所有人与提供保险和经济担保的人享有依据任何可以适用的国内或国际法律制度的责任限制的权利。

二、强制保险和经济担保

(1)已登记的船舶所有人在一缔约国内登记拥有1000总吨以上船舶的，必须进行保险或取得其他经济担保。缔约国的主管当局应向满足条件的船舶颁发证明保险或其他经济担保的证书。对于在缔约国登记的船舶，这种证书应由船舶登记国的主管当局颁发或签证；对于非在缔约国登记的船舶，证书可由任何一个缔约国的主管当局颁发或签证。证书应以颁发国的一种或数种官方文字签发，如所用文字非英文、法文或西班牙文，则全文应包括译成该三种文字之一的译文，如果缔约国如此决定，则该国官方文字可以被省略。

(2)无证明保险或其他经济担保证书的船舶不得从事营运。持有证书的船舶应将证书保存于船上，其一份副本应交由保存该船登记记录的主管当局收存，如该船未在缔约国登记，则应由签发或确认此证书的国家主管当局收存。

(3)对污染损害的任何索赔，可向保险人或提供经济担保的其他人直接提出，在这种情况下，被告可以援用船东本可援用的抗辩(除非船舶所有人破产或关闭歇业)，包括责任限制。除此以外，被告人可以提出抗辩，说明污染损害是由于船舶所有人的故意的不当行为所造成，但不得援用在船舶所有人向其提出的诉讼中可援引的抗辩。在任何情况下，被告有权要求船舶所有人参加诉讼。

(4)如果是缔约国所有的船舶未进行保险或未取得其他经济担保，前述要求规定不得适用于该船。但该船应备有一份由船舶登记国有关当局签发的证书，声明该船为该国所有，并且该船的责任限制在国际责任法律规定的限度内。

三、诉讼时效

如果不能在损害发生之日起3年内提出诉讼，按公约要求赔偿的权利即告失效。无论如何不得在引起损害的事件发生之日起6年之后提出诉讼。如该事件包括一系列事故，6年的期限应自第一个事故发生之日起算。

四、诉讼管辖权

当某一事件在一个或若干个缔约国的领土、领海或公约适用的其他水域造成了污染损害，或已在上述区域中采取了防止或减轻污染损害的预防措施时，对船舶所有人、保险人或其他为船舶所有人的赔偿责任提供担保的人提起的索赔诉讼，仅可在上述任何缔约国的法院提起。提起的诉讼应合理地通知每一个被告人。

第三章　其他有关规定

本章要点：航行于国际间船舶必备的证书；进出港手续；船舶碰撞的责任基础与举证要求；船舶碰撞后船长应采取的措施；救助合同格式。

第一节　航行于国际船舶必备的证书

国际航行的船舶应依据其种类、航区、航线、长度、航速和用途的不同而需配备相应的船舶证书和办理不同进出港手续。船舶的主要证书是船舶进出港时港口当局检查的重要内容之一，如果发现证书和文件不齐或有失效者，将延滞船舶离港，直至备齐或办妥证书才准予离港。而进出港手续办理不妥也可能造成不必要麻烦，因此，远洋船员尤其是船长应对此内容有所掌握。

一、船舶证书

航行于国际间的船舶必须具备下列证书。

（1）船舶国籍证书。

（2）国际吨位证书。

（3）船舶入级证书。

（4）国际载重线证书。

（5）国际防止油污染证书。

（6）船员适任证书。

（7）船舶卫生控制证书。

（8）国际防止生活污水污染证书。

（9）船舶法定记录包括：航海日志、轮机日志、电台日志、车钟记录簿等。

二、进出港手续

港口机构的种类很多，与办理船舶进出港口手续直接有关的是政府所属的主管行政机关，例如：我国的海事、海关、移民等部门，其职权分工与世界各港口办理船舶进出港手续的主管机关基本相似。现分别介绍如下。

（一）检疫部门

卫生检疫部门在办理船舶进出港手续的主要任务是防止法定传染病的传入或传出。

1．对船舶的要求

（1）多数国家规定抵港前24h用电报向卫生检疫部门或通过代理向其申请检疫。有些港口虽无电报申请的规定，但代理人在收到船长抵港电报后应向其申请，故在抵港前船方向其代理人拍发抵陆预报时，应加告出发港及离港的时间、船员（旅客）人数、健康状况、接种证书有效情况，除鼠或免于除鼠证书的有效期等。

（2）当船舶具有卫生证书时，可以申请免检。被同意免检的船舶会接到获准免检的回电，可不经检疫直接进港。但进港口后，根据需要，仍可来船检查或办理检疫手续。申请卫生证书的条件很严，详细规则可通过船舶代理人向其索取。

（3）抵港时未获准免检的船舶，应显示要检疫的规定信号，如Q字旗等。进港后呈交海上健康申报书。

（4）出示除鼠证书或免于除鼠证书。船上平时应做好防鼠工作，应无鼠迹、鼠患，如被其发现可能被罚款或强制除鼠，甚至强制熏舱后另外颁发除鼠证书。

（5）住房、餐厅、厨房及伙食仓库包括冷库应整洁卫生无虫害，抵港前应进行一次清扫，特别是伙食仓库内的粮食存放处。

（6）生活垃圾应放于塑料袋内扎紧袋口，再存于垃圾桶内，桶盖紧密，无液体与臭味外泄。

（7）疫区装入的压载水可能被警告不得排出舷外。疫区装入的淡水需经消毒后才能饮用。

离开疫区的船舶应争取获得该港检疫部门签发的健康证书后再离港。

2. 对人的要求

（1）向卫生检疫部门呈交国际规定格式的船员名单一份，交验船员接种证书。

（2）在港内停泊期间如发现传染病人或因病死亡人员须立即向其报告。

（3）检疫未结束前，即未获检疫通过证前不得降下Q字旗与其他检疫信号，任何人不得上下船，经其特准的人（如引航员）虽可先上船，但不得在获得检疫通过证前下船。有的港口规定在未获得检疫通过证前任何交通艇或驳船都不得靠泊该船。

（4）如在检疫时或检疫后发现有传染病人，或该船来自疫区有传染病迹象，或该船上的人无接种证书或证书远远超期，则可采取消毒、病人上岸住院隔离、病人留船隔离，全体船员留船指定锚地进行观察及强制接种等措施。应该知道，各国卫生当局有权对船上任何人进行卫生健康检查而不得拒绝。

（二）海关

海关在办理船舶进出港口手续中的主要任务是防止走私漏税，防止国家规定的违禁品出入国境，以及统计监督进出口货物种类、数量与质量。

1. 对船舶的要求

（1）征收吨税，按国家间的条约对不同国家的船舶征收不同税率的吨税，有的港口对吨税资分航次、季度、年度付税，船方应根据其在某时期内进出港的次数，选择按哪一种付税。

（2）船舶应向海关呈交进口报告书（出口时呈交出口报告书）。

2. 对货物的要求（包括船用物品与船员旅客个人物品）

（1）向海关呈交进口货物舱单及过境货物舱单。海关按进口货物舱单监卸进口货物，检查该货是否有合法的进口手续及是否完税，无海关准许不得卸货。

（2）向海关呈交出口货物舱单，检查该货是否有合法的出口手续及是否完税，无海关准许不得装货。

（3）船方应向海关呈交重税物品清单、武器清单与麻醉品清单。海关按单查封，但对烟酒可留下一定的数量，供船上或船员在船舶停港期间使用。

（4）船方向海关呈交船员旅客个人用品清单。这些物品可以存于个人房间内，但海关仍可随时抽查。

（5）有的港口规定船方应向海关呈交船用燃料及伙食清单。

（6）海关有权对船上各个部位进行检查或搜查。有些国家在一般情况下不进行全船检查，只在某种特殊情况下，如对某一船舶或某公司船舶或船员有重大走私嫌疑时才进行检查，甚至搜查。

3．对人的要求

进港时应向海关呈交船员名单，未办妥海关进口手续前或办妥离港手续后，任何人、货不得离船或上船。但有的往往执行不严，如要在此期间内上下船，应先向驻港海关要求。

（三）移民局

移民局在办理船舶进出港手续中的主要任务是防止本国人与外国人非法出入国境。

（1）呈交船员、旅客名单各一份。

（2）集中所有海员证或护照，以便移民局检查。移民局有权集中船员和旅客逐个当面核对海员证和护照。

（3）移民局有权为防止偷渡而检查船舶各场所。如船上有偷渡者，应向移民局呈交关于偷渡者的书面报告。

（4）领取登岸证。船员领取此证后连同海员证一道使用，方能登岸。在港期间，船员如发生变动需事先向移民局办理手续。离港时，移民局收回全部船员登岸证。

（四）海事部门（渔港监督）

海事部门是主管水上交通安全监督工作的国家行政管理机关，它代表政府统一行使航务行政管理职权；国家渔政渔港监督管理机构，在以渔业为主的渔港水域内行使主管机关的职权，负责交通安全的监督管理，并负责沿海水域渔业船舶之间的交通事故的调查处理。海事部门与渔港监督的主要职责是贯彻执行国家有关水上交通安全的法规，制定具体管理规定。对船舶进行注册登记，确认其所有权和批准悬挂国旗的航行权，监督船舶的人员配备，签发国际航行船舶的船员身份证件，对职务船员进行考试，签发船员职务证书，审批外国籍船舶进入内水与港口的申请，对外国籍船舶实施检查和强制引航，对进出港口的本国船舶进行监管。监督检查船舶的技术状况、航行情况和装载情况，对重要水域实施交通管制，审批划定禁航区域、统一发布航海通告、航行警报，调查处理水上交通事故和船舶污染事故，处罚违章的船舶和人员。

1.对船舶的要求

（1）船舶在抵港前按规定的天数电告主管部门。大多数国家允许船舶代理代办此项工作。

（2）海事部门按国家规定在船籍证书上检查该船能否进港。

（3）进港时，向海事部门呈交船员名单与规定格式的抵港申报书，出港时则为离港申报书。

（4）多数港口规定如船舶在港内进行明火作业或拆修主机等而影响移泊时，应向海事部门申请获准后才许动工。

（5）海事部门按其国家批准的公约、本国与本港的法规，检查船舶的各种技术证书（如国籍、吨位、载重线、安全构造、安全设备、安全无线电报等证书）、安全设备与有关设备的技术状态，有关船员应随时陪同，答询或应对方要求现场操作。

不少港口规定由代理人持有关证书，到其办公室办理。相当多的港口的海事部门在船停港期间保留该船有关证书，直至开航前再归还船方，以备扣船时用。

2. 对货物的要求

（1）有的港口规定，如船舶载有危险货物（分为进口与过境两种），应在抵港前，按规定天数电告主管机关，多数港口允许代理人代办此申报，抵港口后还应向它提供危险货物舱单。

（2）多数港口规定如船舶将在本港装危险货物，应在装货前向主管机关呈报，可由代理人代办、安排。

3. 对人的要求

（1）检查船员技术证书是否合乎规定。

（2）船员人数是否合乎规定中的最低要求。

4. 综合要求

（1）向进港船舶索取上一港发给的离港许可证。

（2）向离港船发给本港离港许可证。表示该船在该港应予以办理的手续已办妥，已发过此证的船舶不得无故在港滞留，一般港口不允许此船在港外锚地锚泊12h以上。除非再重作申请重发离港许可证，收发此证大多数港口由海事部门执行。

第二节　船舶碰撞的责任基础与举证要求

一、船舶碰撞责任基础

船舶碰撞的责任基础，是指船舶碰撞的当事方承担碰撞造成的损害赔偿责任的前提。根据《1910年碰撞公约》和各国海商法，在船舶碰撞损害赔偿承担责任的前提是过错，过错包括故意和过失。只有在当事方有过错，并因此造成了他方人身伤亡或财产损害时，该当事方才承担损害赔偿责任。当事方无过错就可免责，有过错则不能免责。在船舶碰撞中，过错主要表现为以下几点。

（1）船员违反航行规章。主要是指《1972年国际海上避碰规则》以及地方航行规章。

（2）船员没发挥良好船艺的要求，即在停、靠船和航行时疏忽大意操纵船舶不当（操作方面问题）。或主要设备关键时无法正常工作（属维护保养欠缺的管理问题），如舵机失灵等。

二、船舶碰撞责任划分

根据《1910年碰撞公约》和各国海商法的普遍规定，船舶碰撞的责任可分为下列三类。

（一）当事方无过失的船舶碰撞

当事方无过失的船舶碰撞是指碰撞的发生是出于意外，或者出于不可抗力，或者碰撞原因不明，当碰撞是由于上述三种原因所致，损害由遭受者自行承担，即当事方之间不承担任何损害赔偿责任。

1．意外事故的船舶碰撞

意外事故的船舶碰撞指对于船舶碰撞的发生，各方均无过失，既没有违反航行规章，又发挥了良好的船艺，同时，事故又非不可抗力所致。

2．不可抗力所致的船舶碰撞

不可抗力是指不能预见、不可避免和不可克服的客观情况，如甲船在台风中走锚，并碰撞了乙船，甲船已发挥了良好的船艺的要求，没有任何过错。

3．原因不明的船舶碰撞

原因不明的船舶碰撞即船舶碰撞发生后，无法查明碰撞的原因，也无法证明当事方有无过错。

（二）单方过失所致的船舶碰撞

单方过失所致的船舶碰撞通常表现为在航船碰撞停泊船，并且停泊船停泊的位置和方法适当，并按要求显示了号灯或号型，没有任何过失，过失方需对受害方遭受的损害承担赔偿责任，过失方自己遭受的损害由其自己承担。

（三）互有过失所致的船舶碰撞

相碰撞的各方均有过失时，各方按其过失程度、比例承担责任。但是如果考虑到实际情况，双方虽然均有过失，但不能确定各方的过失程度，或者双方的过失程度似乎相等，则应平均承担责任。三船或多船碰撞时，各方的碰撞责任亦按上述方法承担。

双方或多方互有过失造成的船舶碰撞，致使第三者遭受损害时，如果第三者遭受的是财产损失，则过失方仍按各自的过失程度比例承担责任，过失方之间不负连带责任。

三、船舶碰撞的举证

举证是诉讼法上的概念，是指提出证据，证明某一种或某些事实存在与否。证据就是证明某一种或某些事实的依据。

（一）船舶碰撞损害赔偿中证据的种类

船舶碰撞损害赔偿的诉讼，属于海事诉讼。根据有关的规定，证据可以由下列内容组成。

1. 当事人的陈述

如碰撞双方就案件事实所作的说明。

2. 书证

如船舶碰撞发生之前，两船使用的海图，以及两船采取避让行动时车钟记录簿等。

3. 物证

如船舶碰撞发生后被损坏的船舶。

4. 视听资料

如船舶碰撞发生后对船舶损坏情况的录像。

5. 证人证言

如船舶碰撞发生时，附近有船舶航行或停泊，其船员对目击情况所作的陈述。

6. 鉴定意见

如船舶碰撞发生后，验船师对船舶损坏情况鉴定后提出的损坏项目和金额。

7. 勘验笔录

如审理案件的法院在船舶碰撞发生后，到现场对损坏情况进行勘察检验时所作的记录。

（二）船舶碰撞损害赔偿的举证责任

举证责任，又称证明责任，是指应由哪一方提出证据，证明哪些案件事实。在船舶碰撞损害赔偿中，举证责任具体可分以下三种情况。

1. 一般情况下的举证责任

一般情况下，船舶碰撞中的受害方应提出上述证据，证明下列事实。

（1）因船舶碰撞造成损害的事实，即受害方在船舶碰撞中遭受了损害，包括财产损害和人身伤亡。

（2）加害方有过错的事实，船舶碰撞造成损害的事实与加害方有过错的事实两者之间的因果关系，即证明船舶碰撞及因此造成的损害，系加害方的过错所致。

2. 实行法律推定时的举证责任

法律推定是指从已经证实的基本事实中，根据法律规定推断出假定的事实。在船舶碰撞损害赔偿中，法律推定是指：如果一方证明另一方违反航行规章，则除非另一方能证明在当时情况下背离航行规章是必需的，或者违反航行规章在当时情况下不可能导致船舶碰撞损害的发生，否则，法律便推定违反航行规章的一方犯有造成船舶碰撞损害的过失。因此，在实行法律推定过失时受害方只需证明以下两点。

（1）因船舶碰撞造成损害的事实。

（2）加害方违反航行规章的事实。由于《1910年碰撞公约》废除了法律推定过失，目前，世界上只有没有参加该公约的美国仍实行法律推定过失原则。

3.实行事实推定时的举证责任

事实推定是指从已经证实的基本事实中，人为地推断出假定事实的存在。在船舶碰撞损害赔偿中，事实推定是指如果受害方证明其遭受船舶碰撞损害的事实以及其他基本事实，法院根据特定情况推定加害方犯有过失，除非加害方证明他无过失，或者他的过失与损害之间无因果关系，否则便应负赔偿责任。因此，在实行事实推定过失时，受害方只需证明以下两点。

（1）因碰撞造成损害的事实。

（2）其他基本事实，如他在事故中没有过失的事实。事实推定一般是在航船碰撞停泊船的情况下适用。

四、船舶碰撞损害赔偿的诉讼时效

公约规定，有关船舶碰撞引起的损害赔偿，其诉讼时效期间为二年。自碰撞事故发生之日起算。但是，适用于该案件的法律关于时效的中止或中断的规定，仍然适用。此外，公约允许缔约国在国内法中规定诉讼时效，如果在上述期间内，原告未在其住所或主要营业所在地的国家领水内扣押被告的船舶，则应延长上述时效期间。

五、船舶碰撞后船长应采取的措施

船舶发生碰撞后，考虑法律上的需要，便于日后查明原因、分清责任，维护本船的权益，船长通常应采取下列措施。

（一）救助他船及他船上的人员

船舶发生碰撞后，如他船及他船上的船员和旅客处于危险状态，则只要不致对本船及船员、旅客构成严重危险，船长应救助他船及他船上的船员和旅客。一些国家的海商法规定，船长不履行上述救助义务，应负刑事责任。但是，根据《1910年碰撞公约》，船长不履行上述救助义务，船舶所有人并不因此当然地承担责任。

（二）互通船舶情况

船长应尽可能将自己的船名、船籍港、始发港和目的港通知对方。同样，船长不履行上述义务，船舶所有人并不因此当然地承担责任。

（三）察看碰撞事故现场并做好记录

除察看本船被碰位置、角度以及船货和人员受损情况并作好书面记录外，如有可能应登上他船，察看他船被碰情况，包括他船使用过的海图、车钟记录、航海日志以及雷达使用情况，并作好书面记录。对于两船被碰撞情况的书面记录，应要求双方签字认可。有条件时，对两船的情况进行拍照和摄像。这种现场察看书面记录和影像资料可作为事后处理案件的证据。

（四）办理船舶碰撞的事故通知书

船长应尽可能及时向对方船长提交船舶碰撞事故通知书，简要说明两船碰撞情况，明确由对方承担事故责任，并要求对方船长在通知书上签字认可。对于对方船长提交的通知书，不应承认本船的事故责任，而只在通知书上签署收到日期和时间，并保留申诉权。

（五）及时将事故情况报告船公司

船长应及时将事故发生的情况，电告或以其他手段报告船公司，以便公司通报船舶保险公司或船东保赔协会，或采取其他对策。如果船舶被碰后需要某种救助，船长亦可与就近的船公司代理、保险公司或船东保赔协会代理取得联系。

（六）与他船约定检验地点

如有可能和必要，船长应与他船船长约定两船间去某一港口，对两船受损情况，聘请验船师进行检验，由其出具检验报告，明确船舶受损情况，并确定需要修理的项目及预计的修理费金额。

（七）提交海事声明和海事报告

船舶在碰撞后抵达第一港口，船长应尽快向港口当局或我国驻外使领馆提交海事报告，取得签字后，抄送对方。如果船舶碰撞发生后，估计货物因此可能遭受损害，但损害情况又不明确，则船长在船舶抵达第一港口后，应同时向港口当局或我国驻外使领馆提交海事声明，取得签字后，抄送货方及其他有关方。

（八）准备处理事故的材料

船舶碰撞发生后船长应及时准备好有关材料，供船公司事后与对方处理案件时，或向保险公司索赔或处理货主提出的货物损害赔偿时使用。这些材料通常包括以下内容。

（1）海事报告。

（2）航海日志、轮机日志和车钟记录簿摘要。

（3）标有原航线、船位的原始海图和船舶相对运动图。

（4）船舶损坏检验报告。

（5）船员证明材料。

（6）引航员和拖轮的报告。

（7）船舶碰撞发生后现场察看的书面记录和影视资料。

（8）船舶碰撞事故通知书。

（9）其他有关材料。

第三节　救助合同标准格式主要内容

一、当前国际流行的劳氏救助合同的主要内容

劳氏救助合同格式，又称劳合社救助合同格式或劳埃德救助合同格式。

英国劳氏委员会分别于1924年、1953年、1967年、1972年、1980年和1990年对此格式进行了修改。目前，国际上使用较广泛的是1972年格式和1980年格式，1990年格式也开始得到使用并将越来越广泛。现将1972年、1980年和1990年格式的主要内容分别介绍如下。

（一）1972年劳氏救助合同格式的主要内容

（1）遇难船船长代表船舶所有人、货物所有人和运费所有人，与救助人订立救助合同。救助人亦可由救助船船长或其他人作为其代表与遇难船船长订立救助合同。船舶所有人、货物所有人和运费所有人仅对自己承担的义务负责，相互间不负连带责任。

（2）实行“无效果一无报酬”原则。救助部分有效果，即救助人仅救助部分船舶或其附属品、货物，亦可获得报酬。

（3）救助人同意尽其最大努力，将船舶或货物拖带至约定的安全地点。

（4）救助人可合理地、免费地使用被救船上的设备，但不得造成其不必要的损坏。

（5）救助结束后，救助人应将所需的保证金数额及时通知劳氏委员会。如被救助人不提供保证金，救助人对被救财产具有置留权、被救助人不得将获救财产从安全地点移走。

（6）救助人与被救助人之间的争议，应提交劳氏委员会委任的仲裁员在伦敦进行仲裁。仲裁适用英国法律。

（二）1980年劳氏救助合同格式的主要内容

1980年劳氏救助合同格式在1972年劳氏救助合同格式的基础上，增加了下列内容。

（1）当被救助船是载货油轮时，一方面，救助人应尽最大努力防止漏油；另一方面，采用“无效果一有补偿”原则，即在救助方没有过失的情况下，即使救助不成功，或者只是部分成功，或者救助工作非由于救助方的原因而受到阻碍，救助人仍可获得其所花的合理费用和不超过该费用15%的附加费的补偿。这一补偿费用由油轮所有人单独付。因此，所谓“有补偿”，是指救助方除可得到其为救助而付出的合理费用外，还可得到不超过该费用的15%的附加费。得到这种补偿的条件是：救助方已尽最大努力防止漏油、救助方无过失，以及救助不成功或者只是部分成功，因而救助人无报酬或所得报酬不足以抵偿其付出的代价。采用“无效果－有补偿”原则的目的是鼓励人们救助油轮，以防止或减轻海洋污染。因此，该格式对普通船舶的救助仍采取“无效果－无报酬”原则，而对符合上述条件的油轮救助，作为一种例外，采用“无效果－有补偿”原则。

（2）救助方因救助作业中的过失而对被救助财产的进一步损害承担责任时，可根据英国法律享受责任限制的权利，该法律为《英国商船航运法》，它是《1976年海事索赔责任限制公约》所转化的英国国内法。

（3）在救助过程中，被救助方应与救助方充分合作，被救助方应尽快接受获救财产。

（4）仲裁员可根据具体情况，作出临时裁决，责令被救助方公平合理地预付若干救助报酬。

（5）船上的燃料、物料亦可作为救助标的。

（三）1990年劳氏救助合同格式的主要内容

为了与《1989年国际救助公约》保持同步，劳氏委员会于1990年对1980年劳氏救助合同格式作了以下主要修改。

（1）关于“无效果－有补偿”原则的体现，与1980年格式具有下列不同。

①特别补偿不仅适用于对载货油轮的救助，也适用于对环境污染构成威胁的任何其他船舶或货物的救助。因而，载运危险品、有毒、有害物质的船舶对环境构成污染危险时，甚至只是船上燃油对环境构成污染威胁时，对这种船舶的救助也适用特别补偿的规定。

②特别补偿的金额提高到救助人合理所花费用的30%～100%。

（2）被救助船舶的船长除代表船舶、货物、燃料、物料的所有人外，还代表船上任何其他财产的所有人，同救助方签订救助合同。

（3）救助人在救助作业中，应尽力防止或减轻对环境的损害。

(4)被救助船舶的所有人、其受雇人员和代理人，应尽力保证货物所有人在提取货物之前提供相应的担保。

(5)仲裁按劳氏委员会专门制定的程序规则进行。

二、中国海事仲裁委员会救助合同主要内容

此救助合同格式由中国海事仲裁委员会制定，采用“无效果－无报酬”原则。其主要内容如下。

(1)被救助船船长代表船东、货主和运费所有人，同救助人的代表签订救助合同。

(2)救助人应救助遇难的船舶、船上货物和其他财产，将其送至合同约定的或事后同船长商定的其他地点。

(3)救助人为进行救助工作可免费和合理地使用被救助船舶上的设备。

(4)救助工作只获得部分效果，救助人亦应得到适当的报酬。

(5)如果双方对救助报酬达不成协议，由中国国际贸易促进委员会海事仲裁委员会确定。

(6)合同的当事人对约定的报酬金额如有异议，或合同产生的其他争议，应提交海事仲裁委员会解决。

(7)救助工作结束后，被救助船船东应向海事仲裁委员会提交约定的保证金。否则，经救助人请求，海事仲裁委员会有权作出保全措施的决定。在保全措施实施前，未经救助人或海事仲裁委员会书面同意，被救财产不得移走。

(8)海事仲裁委员会根据救助人的请求，可在对整个争议作出裁决之前，作出被救助人先行偿付救助人因救助而发生的合理费用的决定。

(9)仲裁程序按海事仲裁委员会程序暂行规则进行。

第二编

航海与气象

第一章　时　　间

本章要点：视时与平时、区时与时区的概念，船时、日界线和法定时的含义。

第一节　视时与平时

一、视太阳日、视太阳时

（一）视太阳日

太阳绕地球视运动一周（即地球相对太阳自转一周）的时间称为一个视太阳日。太阳处于子半圈时作为一视太阳日的开始（子半圈可理解为子午圈除经线外的另一半圈）。

（二）视太阳时（视时）

太阳中心由某地子半圈起，向西运行所经历的时间间隔称为视时。

由于测者所处经度不同，对应的子半圈也不同，因此，视时具有地方性。另外，由于太阳不是匀速运动的，导致视太阳日的长短不等，因此，视时不适合作为时间单位。

二、平太阳日、平太阳时

(一)平太阳日

平太阳是一个假想的天体，做匀速圆周运动的速度等于视太阳运动的平均值。在周日视运动中，平太阳绕地球视运动1周的时间称为1个平太阳日。平太阳处于子半圈时作为1平太阳日的开始。

为了度量时间方便，将1个平太阳日等分为24h，1h等分为60min，1min等分为60s。1年＝365.2422平太阳日。

(二)平太阳时(平时)

地方平时(地方时)：平太阳由某地子半圈起，向西运行所经历的时间间隔。

世界时(格林平时)：平太阳由格林子半圈起，向西运行所经历的时间间隔。用世界时表示时，除了时间还应当注明日期。

第二节 区时与时区

一、时区划分

全球按经度划分为24个时区。以0°经线为基准，向东、西各取7°30′共15°划为一个时区，称0时区。0°经线是该时区的时区中线。从0时区东西边界开始，向东、西每隔经度15°划分一个时区，向东依次为东一时区至东十二时区，向西依次为西一时区到西十二时区。180°经线将十二时区划分为两半，各包括经度7°30′，分别称为东十二时区和西十二时区。因此，航海上也称作二十五个时区(图2-1)。

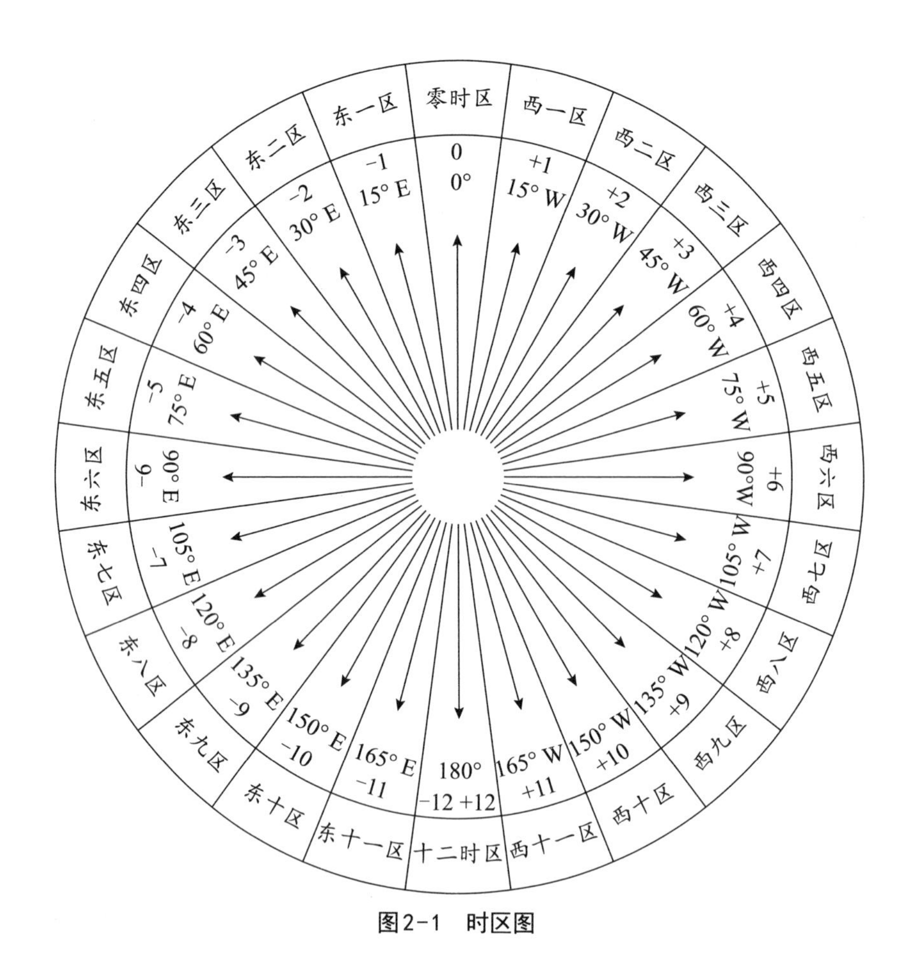

图2-1　时区图

二、区时

以时区中线的地方时作为该时区共同使用的时间称为区时。

这样，0时区的区时就是世界时。相邻两时区中线的经度相差15°，时间相差1h。东、西十二区共同使用180°经线的地方时，但日期相差1d。各时区的区号正好等于该时区区时与世界时相差的小时数。即：世界时＝区时＋区号。

三、船时、日界线和法定时

（一）船时

在船上，船钟所指示的时间，称为船时。船钟一般指示船舶所在海区的区时，用小时和分钟四位数表示。如13点30分表示为1330。

由于相邻两个时区的区时相差1h，因此当船舶由一个时区进入另一时区时，区时发生了变化，船时也要相应的变化，需要“拨钟”。除经过180°经线外，船舶向东航行进入相邻时区，应将钟拨快1h；船舶向西航行进入相邻时区，应拨慢1h。

（二）日界线

根据时区的划分及其与世界时的关系，东十二区的区时比世界时大12h，西十二区的区时比世界时小12h。由此可知，东、西十二区的区时相同，日期恰好相差1d。人们把东、西十二时区的分界线即180°经线，称为国际日期变更线，简称日界线。

如上所述，船舶通过日界线时，船上时间不变，但日期从东十二区进入西十二区减1d，从西十二区进入东十二区加1d。

（三）法定时

生活在相应时区的人们原则上使用该时区的区时作为日常工作生活的标准时，但各个国家情况不同，需要根据本国国情来决定本国的标准时。各国的标准时，是根据本国国情由立法机关和行政当局以法令形式制定和颁布，因此标准时又称为法定时。

船舶在大洋中航行，船钟指示所在时区的区时。当船舶航行在某国沿岸水域时，由船长根据具体情况决定是使用该时区的区时还是该国的标准时（法定时）。

第二章　英版海图

本章要点：海图标题栏与图廓注记以及英版海图的海图基准面、重要的海图图式。

第一节　海图标题栏与图廓注记

一、标题栏

海图标题栏是该图的说明栏，一般刊印在海图内陆处或航行不到的海面上。内容包括出版机关的徽志、图幅的地理位置、图名、比例尺与基准纬度、投影方法、深度和高程的基准面及计量单位、图式版别、基本等高距和坐标系等编图资料的说明等。

有些海图标题栏通常还印有图区内禁航区、雷区、禁止抛锚区、航标、分道通航制和地磁资料等与航行安全有关的说明和重要注意事项或警告。有些甚至还附有图区内重要物标的对景图、潮信表、潮流表和换算表等资料。

二、图廓注记

（一）海图图号

印在海图图廓的四个角上，不论该图怎样放置，图号均可从该图的右下角读出。与中版海图按所属地区编号不同的是，英版海图按出版发行前后编号。

（二）发行和出版情况

印在图廓外下边中间，给出海图的出版和发行单位、日期。

（三）小改正记录

印在图廓外左下角。用以登记自该图出版以来改正过的所有小改正通告年份和通告号码，以备查考该图是否已及时改正至最新。

（四）图幅

印在图廓外右下角，在括号内给出海图内廓图幅尺寸，用以检查海图图纸是否有伸缩变形。中版及英版米制海图均以毫米为单位，英版拓制海图以英寸为单位。

第二节　海图基准面

一、高程基准面

海图上所标山头、岛屿和明礁等高程的起算面称为高程基准面。英版海图采用平均大潮高潮面（半日潮海区）、平均高高潮面（日潮海区）或当地平均海面（无潮海区）为高程基准面。

二、深度基准面

海图上标注水深的起算面称为海图深度基准面，也是干出高度的起算面。英版通常采用天文最低潮面作为起算面。

第三节　重要海图图式

一、图式说明

（一）高程

海图陆上所标数字、部分水上带括号的数字，都表示附近物标的高程。

（二）水深

海图深度基准面至海底的深度，凡海图水面上的数字均表示水深。中版及英版的米制海图用米（m）、英版的拓制海图用拓（fm）和英尺（ft）做单位。

中英版单位的关系：1 ft＝0.308 m　1 fm＝6 ft＝1.8288 m

另外，1 ft＝12 in（英寸）　1 in＝2.54 cm。

SD："疑深"，即对深度有怀疑，深度可能小于已注明的水深注记。

ED："疑存"，即对礁石、浅滩等的存在有疑问。

PD："疑位"，即对危险物的位置有怀疑。

PA："概位"，即表示危险物的位置未经精确测量。

（三）底质

指海底的性质。有以下种类（括号内为英版海图含义）。

沙（S）、泥（M）、黏土（Cy）、淤泥（Si）、石（St）、岩石（R）、珊瑚和珊瑚藻（Co）以及贝（Sh）等。

沙的形容词有细（f）、中（m）、粗（c）、软（so）、硬（sf）、坚硬（h）。

S. M：沙的成分多于泥的成分的混合底质。

M. S：泥的成分多于沙的成分的混合底质。

S/M：分层底质，上层为沙，下层为泥。

M/S：分层底质，上层为泥，下层为沙。

（四）礁石、障碍物和沉船

礁石、障碍物和沉船的含义、种类、图式等基本与中版相同。

（五）助航标志

助航标志简称航标，包括灯塔、灯标、浮标、立标、雷达站、无线电导航设备及雾号等。基本灯质：定光（F）、闪光（FL）、明暗光（Oc）和互光（Al）4种。闪光又可区分为：闪、长闪、快闪、甚快闪和特别快闪5种。

灯色或航标涂色有：红（R）、绿（G）、黄（Y）、白（W）、黑（B）。

常见灯光灯质。

长闪光：LFl（持续时间2 s及以上）。

快闪光：Q（50～80次/min，我国60次）。

甚快闪光：VQ（80～160次/min，我国120次）。

特快闪光：UQ（160次/min以上）。

等明暗光：Iso。

明暗光：Oc。

定闪光：FFl。

联闪光：Q（3）。

莫尔斯灯光：Mo（A）。

互光：AL.WR（互白红、长明不灭）。

二、重要图式

以下列出的图式与含义，不包括与中版相同的内容（表2-1）。

表2-1　英版重要海图图式

英版图式	含义及说明
	生产平台、井架
—<6.5m>— - - - <6.5m> - - -	已知最大深度的航道（右为推荐航道）
	无线电报告点
	大型助航浮标（蓝比）
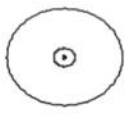 Ra	海岸雷达站
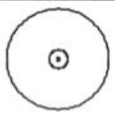 Ramark	雷达指向标
 Racon (K)	雷达应答标
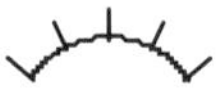	雷达反射器
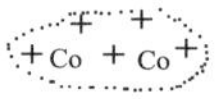 Co Co	珊瑚礁
30 R	非危险暗礁
(16)或  Dr 1.6m	干出礁
	非危险沉船，水深＞28m
	危险沉船，水深≤28m
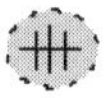 Masts	仅桅杆露出深度基准面的沉船
 25 Wk	已知最浅深度的沉船
 25 Wk	经扫海（或潜水探测）的最浅深度沉船
 20 Wk	未经精确测量，最浅水深不明的沉船
 Obstn	深度不明的障碍物
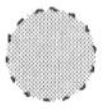 Foul	有碍抛锚和拖网地区

续表

英版图式	含义及说明
 Shellfish Beds	贝类养殖场
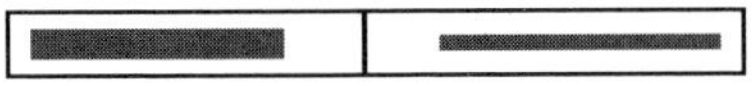	分隔带（线）
	限制区
 !	警戒区
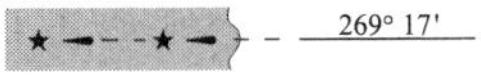 269° 17'	导标（灯）
 Oc.R. 8s	光弧灯标
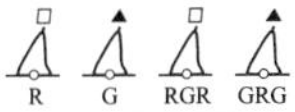 R　G　RGR　GRG	左、右侧标及推荐航道左、右侧标
 BY　BYB　YB　YB	北、东、南、西方位标
 BRB	孤立危险物标
 RW	安全水域标
 Y	专用标

第三章　航海图书资料

本章要点：英版的航海资料目录、世界大洋航路、航路设计图、航路指南、进港指南、灯标与雾号表航标表、无线电信号表、航海通告等的概述、主要内容及使用方法。

第一节　航海资料目录

一、《海图及航海出版物目录》

《海图及航海出版物目录》（*Catalogue of Admiralty Charts and Publications*）为英国海军水道测量局出版。每年重新修订和出版一次。涵盖该局出版的全部海图、图书以及重印的澳版、新西兰版、国际版海图。

二、航用海图

航用海图，英文名为nautical charts，主要包括以下内容。

（1）英版海图分区界限索引图（limits of admiralty charts indexes）。该图以字母和数字标出各海区的编号，并把该编号作为本海区海图所在的页数，便于抽取本海区的海图。

（2）世界大洋海图索引图A（the world-general charts of the oceans）。

（3）航行计划图（planning charts）索引图AA：抽选拟定航行计划的大洋或跨大洋的小比例尺海图。

（4）索引图A1。

（5）索引图A2。

（6）索引图BW为各分区海图索引图：用于抽选各分区的大中比例尺海图。

海图图号前标有“⊙”的，表明该图另有英版电子光盘海图。海图图号前标有“I”的，表明该图也属国际版海图。

三、辅助用图

辅助用图，英文名为thematic charts，主要包括以下内容。

（1）航路设计图（routing chart）。

（2）定线指南（routing guides）。目前共有“航海员定线指南 —— 英吉利海峡及北海南部 —— 苏伊士湾 —— 马六甲及新加坡海峡”三本。

（3）大圆海图（gnomonic charts）。

（4）空白海图（plotting diagrams & sheets）。

四、英版航海图书

英版航海图书，英文名为*Navigational Publications*，主要包括以下内容。

（1）英版《航路指南》及其分区界限索引图。

（2）英版《灯标与雾号表》及其分区界限索引图。

（3）英版《无线电信号表》各卷内容简介。

（4）《里程表》，主要列出大西洋、印度洋、太平洋各港口及重要转向点之间的距离。

五、英版海图图号索引

英版海图图号索引，英文名为numerical indexes，根据此索引可以查出某一图号的海图在本目录上的页数，便于查找该海图的出版及新版日期等详细资料。

（1）查阅海图代销商/分销商的有关资料。

（2）查取可以获得英版《航海通告》的城市及机构。

（3）抽选航用海图。

（4）抽选本航次所用的航海图书。

（5）检验船存海图是否为最新版海图。

（6）检验船存航海资料是否为最新版。

第二节　世界大洋航路与航路设计图

一、《世界大洋航路》

《世界大洋航路》，英文名为*Ocean Passages for the World*，主要包括以下内容。

（一）概述

（1）由英国水道测量局出版，每隔十余年出版一次。

（2）改正：定期出版补篇和周版《航海通告》第Ⅳ部分（到月末有效的刊在月末期，到年底有效的重印在《年度摘要》中）。

（3）有关新版及作废情况见英版《航海通告》第Ⅱ部分。现行版及最新补篇的卷别编号可查阅季末期和《累积表》或英版《海图及航海出版物目录》后的“海图图号索引”。

（4）提供的推荐航线是根据多年统计的气象、水文条件拟定的一种气候航线。供航速15kn② 以下、吃水12m以下的船舶拟定大洋航线时参考。

（二）主要内容

《世界大洋航路》共由两部分组成。第一部分（1—7章）为机动船航线，第二部分（8—10章）为帆船航线（sailing route）。

---

② 1kn ＝ 1n mile ＝ 0.514444m/s.

第1章为航线设计，包括：世界大洋航线（ocean passages for the world）、海图及航海出版物（charts & publications）、自然条件的概述（nature conditions）、航线设计（planning a passages）、附加注意事项（additional consideration）。

第2—7章介绍各区的风及天气（wind & weather）、涌（swell）、洋流（current）、冰（ice）、注意事项（notes & cautions）及各主要航路之间的推荐航线及航程。

该书还印有图表、地名一览表和索引图（tables, gazetteer & index）。

（三）使用说明

（1）除非参阅最新版补篇和周版《航海通告》的第Ⅳ部分，否则不应使用该书。

（2）在使用本书时，应结合适当的海图和参阅有关的《航路指南》《灯标表》《潮汐表》《无线电信号表》《里程表》《航海通告》《航海通告年度摘要》《航海员手册》及5011海图。

（3）其上所载的地理位置，参阅最大比例尺的英版海图，名称来自最权威的当局。

（4）本书中所引用的时间用四位数表示，采用当地标准时间。

（四）推荐航线的查阅方法

（1）首先阅读本卷的有关使用说明，了解使用的注意事项。

（2）根据出发港和目的港，参考大洋航路图，了解推荐航线的大概情况以及途经哪些重要的地方和航区。

（3）阅读第1章和本航线涉及的各章节的水文气象资料以及世界气候图和表层洋流分布图，从而了解未来航区内的水文气象条件和航行注意事项。

（4）根据出发港和目的港名称的字母顺序，在书末的“总标题与航路索引”中查该航线资料所在的章节。

二、航路设计图

航路设计图，英文名为routing charts，主要包括以下内容。

（一）概述

共分为北大西洋、南大西洋、印度洋、北太平洋、南太平洋等5个海区，每个海区每月1张，计60张。其图号分别为5124（1）-（12）、5125（1）-（12）、5126（1）-（12）、5127（1）-（12）、5128（1）-（12），各图的比例尺均为1：13880000。各设计图的分区界限可查阅英版《世界大洋航路》或《海图及航海出版物目录》。

（二）主要内容

1. 推荐航线

连接港口间或大圆航线终点间的黑线为推荐航线，其上还给出了以“海里”为单位的航程，曲线为大圆航线，直线为恒向线航线。

2. 洋流

用绿色箭头表示该月及前后一个月内的表层洋流流向，并以不同形状的箭头表示该方向上的洋流的稳定度，其后的数字表示洋流的流速。

3. 风花

用红色圆圈和许多不同形状的红色箭头组成风花。箭头的长度表示该方向上的风出现的百分率。箭头的方向为风向。箭杆的形状不同，表示风级不同。风花中间有三个数字，最上面的数字表示多年来在该月份对该地区风的总的观测次数；中间数字表示不定风占全部观测次数的百分率；最下面的数字表示无风的百分率。

4. 冰区界限

通常，船舶在冰区航行时往往困难重重。

5. 国际载重线区域界限

国际载重线区域界限主要包括四个附图。

（1）平均气温气压图。

（2）雾与低能见度图。

（3）露点温度与平均海水温度图。

（4）大风频率与热带风暴路径图。

第三节 《航路指南》

《航路指南》，英文名为*Pilots or Sailing Directions*，提供了在海图上没有的，但与航行安全密切相关的资料，它是拟定近海航线的重要参考资料。

（一）概述

（1）由英国海军水道测量局出版，共74卷。有关各卷的分区界限可查阅英版《海图及航海出版物目录》中的第四部分。

（2）大部分英版《航路指南》每隔2～3年出版一次（不出补篇），另有少部分每隔10余年出版1次，出补篇。

（3）现行版见《目录》、季末期周版《航海通告》和《累积表》。

（4）改正：见英版周版《航海通告》Ⅳ部分。

（二）主要内容

（1）英版《航路指南》每卷的第一章都有三个内容：航行与规则（navigation and regulation）、国家与港口（country and port）、自然条件（nature condition）。

（2）第二章及以后各章分区顺岸介绍有关的航海资料。

（3）另外，各卷还有一些附录、对景图及索引等，其中地理索引是按字母顺序排列，读者在查阅时可以地区名称的字母顺序查得该地区的内容所在的页数。

（三）使用说明

（1）英版《航路指南》详细记载了海图上载有的细节及在海图或其他出

版物上所没有的，但对航行安全所必需的航海资料。它应与所引用的海图结合使用。

（2）必须参阅的有关资料有:《航海员手册》《世界大洋航路》《灯标与雾号表》《无线电信号表》《航海通告年度摘要》《国际信号规则》等。

（四）查阅方法

（1）根据英版《海图及航海出版物目录》第四部分中的有关索引，抽选必要的英版《航路指南》。

（2）阅读该卷《航路指南》的第一章，掌握本卷《航路指南》所述地区总的情况。

（3）根据该地区的字母名称查书末的地理索引，即可知道有关资料所在的页数。

第四节 《进港指南》

（一）概述

《进港指南》，英文名为*Guide to Port Entry*。第一本是以国名的首字母为A—K的各国港口资料组成；第二本是以国名的首字母为L—Y的各国港口资料组成。该书每2年再版一次。

（二）主要内容

（1）正文（text）。以国名首字母顺序编排，各国又按港口名称首字母顺序列出。

（2）港口平面图。

（3）索引：第一栏为按字母顺序排列的港口名称，第二栏为港口资料正文所在的页数，第三栏为港口平面图所在的页数。

（三）使用说明

1. 警告性说明

警告性说明（warning notice）指出“该书只是作为一个指南，它并不能保证完全准确，最后的责任属于船长。使用时应注意参阅已改正的海图、航海通告及由权威的当局发布的航行通告、警告或更正”。

2. 重要说明

重要说明（important notice）指出“本指南的以前版本载有一些较旧的船长报告和在其他出版物及指南中出现的航海信息已在本版中取消，因此，航海者可以保留以前的版本供进一步参考”。查阅方法包括以下几点。

（1）根据港口所在国家的名称首字母确定查阅的卷别。

（2）根据港口名称在该卷后面的“索引”（index）部分中查出该港口资料及平面图所在的页数。

（3）由相关的页数即可阅读有关资料。

第五节 《灯标与雾号表航标表》

一、概述

英版《灯标与雾号表航标表》简称英版《灯标表》，共有A、B、C、D、E、F、G、H、J、K、L 11卷。有关各卷的分区界限可查阅英版《海图及航海出版物目录》第四部分中的有关索引图或各卷《灯标表》的封底。它详细记载了全世界各种灯塔、灯桩及灯高在8m或以上的重要灯浮及雾号资料，高度在8m以下的灯浮资料偶尔也记录在内。

（1）各卷《灯标表》的再版时间间隔不定，为1年左右，具体时间需查阅各卷前面的注释部分。有关各卷的出版消息需查阅英版《航海通告》的第Ⅱ部分或季末期《航海通告》中的“新版航海图书一览表”。

（2）改正：各卷《灯标表》按照英版《航海通告》的第Ⅴ部分进行改正。

二、主要内容

（1）地理能见距离表（geographical range table）。

（2）照距图或光达距离图（luminous range diagrams）。

（3）英版《灯标表》中所使用的缩写。

（4）对灯标的定义（nomenclature of light）、解释。

（5）对雾号（fog signal）的说明。

（6）灯质的说明及图示（light characters）。

（7）外语词汇表（glossary of foreign terms）。

三、使用说明

《灯标表》所包含资料的解释如表2-2所示。

第一栏：灯标编号（number）。

第二栏：灯标的名称位置。

第三栏：经纬度（latitude & longitude）。

第四栏：灯质与灯光强度。

第五栏：灯高。

第六栏：射程。

第七栏：灯标结构及塔（标）高。

第八栏：备注。

四、查阅方法

书后有一个“索引表”（index），由两栏组成，一栏为灯标名称，按名称的英文字母顺序排列，另一栏为灯标的编号。根据灯标的名称，查后面的索引，得到灯标的编号，根据编号便可查阅灯标的有关资料，见表2-2。

表2-2　《灯标表》示意

灯标编号	灯标的名称位置	经纬度	灯质与灯光强度	灯高	射程	灯标结构及塔（标）高	备注
1810	Kayu Ara	0 49.8 104 5.62	Fl W 4s	35			（P）1998
1812	Pulau Bintan Tg Berakit.	1 13·2 104 34.5	F l（2）W 10s	68	13	white metal framework tower 32	*fl 1.5.ec 2.fl 1.5.ec 5* Vis 085° -341 (2560)
1820	Horsburgh: PeUra Brancin, Suninit.（S）	1 19.8 104 24.3	Fl W 10s	31	20	White round tower black bands 29	*fl 0·7*.Ra refl Racon
1821	Ramunia Shoals. Tompok Utara, （Rumenia Shoal）	1 27.8 104 27.0	F l（3）W 15s	25	16	White round GRP tower on piled platform	
1822	Pulau Mungging	1 21.7 104 17.8	Fl W 3s	24	15	White metal framework tower 8	*fl 0·3*.Racon TR1999

第六节　英版《无线电信号表》

一、概述

英版《无线电信号表》，英文名为*Admiralty List of Radio Signals*，共6卷12册，每年出版一次。出版消息见英版《航海通告》第Ⅱ部分。现行版见季末期《航海通告》或《航海通告累积表》中的“现行版航海图书一览表”（current hydrographic publications）或《目录》。

改正按英版《航海通告》的第Ⅵ部分进行。每卷《无线电信号表》的改正起始时间应查阅封一的“本卷改正指南”（direction for updating this volume）。改正资料每季度在英版《航海通告》的第Ⅵ部分累积出版一次。改正完成后应在登记表中登记。

二、各卷内容

第一卷（Volume 1）：海岸无线电台[coast radio stations，NP281（parts 1&2）]。第一册覆盖欧洲、非洲和亚洲（不含菲律宾群岛和印度尼西亚）。第二册覆盖菲律宾群岛和印度尼西亚、澳大利亚、美洲大陆、格陵兰和冰岛。

第二卷（Volume 2）：无线电助航标志，卫星导航系统，电子定位系统和无线电时号（radio navigational aids，satellite navigation systems，electronic position fixing systems and radio time signals，NP282）。

第三卷（Volume 3）：航海安全信息服务[maritime safety information services，NP283（parts1&2）]。一、二册的覆盖范围同第一卷。

第四卷（Volume 4）：气象观测站（meteorological observation stations NP284）。

第五卷（Volume 5）：全球海上遇险与安全系统（global maritime distress and safety system，GMDSS NP285）。

第六卷（Volume 6）：引航服务、船舶交通服务和港口作业[pilot services，vessel traffic and port operations，NP286（parts1，2，3，4&5）]。

三、查阅方法

先根据港口所在的地区确定所使用的卷别。然后根据港口名称查“港口索引”，得港口资料所在的页数。根据该页数查正文部分，可了解有关细节。

第七节　英版航海通告

一、概述

英版航海通告（admiralty notices to mariners）每周一版。还有半年期的《航海通告累积表》和年度期的《航海通告年度摘要》。其代发港口和机构，可以从英版《海图及航海出版物目录》中“航海通告的获得”部分中查得，也可以从英版《航海通告年度摘要》的第14号“航海通告的获得”中查得。

二、主要内容

（1）注释。第Ⅱ部分的索引（explanatory notes。Indexes to section Ⅱ）。

①“临时性通告和预告”（temporary and preliminary notices）在通告号后加注（T）和（P）及发表年份。

②“原始资料”（original information）：在通告号附近注有“ * ”符号。

③“航路指南”（sailing directions）：通告的第Ⅳ部分是针对《航路指南》（包括《世界大洋航路》）的改正资料。

④“地理索引”（geographical index）：分两栏，一栏列有各通告所涉及的国家和地区名称，另一栏列有各地区的通告所在的页数。航海通告的编号以“地理索引”中地区编号的顺序编排。

⑤“航海通告与海图夹号索引”（index of notices and chart folios）：分三栏，为航海通告的编号、通告所在的页数及应改正海图的图夹编号。

⑥“关系海图索引”（index of chart affected）：分两栏，为该期《航海通告》中所有针对海图改正的航海通告编号及其所有改正的海图图号。

（2）航海通告海图的改正（notices to mariners; update to standard navigational chart）。

在月末期的航海通告中，还刊有以下几点内容。

①“临时性通告和预告汇编”将至今仍有效的临时性通告和预告按26个地区汇编。

②“针对航路指南改正通告的汇编”。

在季末期中刊有现行航海图书一览表。

（3）无线电航海警告的重印（reprints of radio navigational warnings）。

“无线电航海警告的重印”共印有两部分：一是至今仍有效的无线电航海警告的发布年份及通告编号的重印。二是最近发布的无线电航海警告编号及正文内容和重印。

①全球性或远距离航海警告（long range navigational warnings）：主要由NAVAREA系统发布。该系统共有16个区域，每个区域内各有一个主管国，负责发布该区域内的无线电航海警告。该系统的概述可见《航海通告年度摘要》的第13号通告。

②沿岸性（coastal warnings）：由警告发布国发布，对全球性的补充。

③地区性（local warnings）：由海岸警卫队、港口或引航当局发布，对沿岸性的补充。

（4）对航路指南的改正（amendments to sailing directions）。

在月末期《航海通告》中还列有改正资料一览表，在该表中注有英版《航路指南》的NP编号、改正资料应改正的页数、卷名及发布改正信息的《航海通告》的期号。

（5）对英版《灯标与雾号表》的改正（*Amendments to Admiralty Lists of Lights and Fog Signals*）。

（6）对英版《无线电信号表》的改正（*Amendments to Admiralty Lists of Radio Signals*）。

第四章　国际浮标系统及大洋航行

本章要点：国际浮标系统以及我国和国际浮标系统的区别；大洋航行特点、大洋航线种类、各大洋航线概况及注意事项。

第一节　国际浮标系统

国际浮标系统分为A区域和B区域。适用B区域的国家有亚洲的韩国、日本、菲律宾和南、北美洲；其他国家均适用A区域。

A、B区域仅在于侧面标志的标身、顶标的颜色和光色不同：A区域为“左红右绿”，B区域为“左绿右红”。如表2-3所示，为我国海区航标和国际浮标系统的区别。

表2-3　我国和国际浮标系统的区别

浮标种类	系统种类	
	国际	中国
侧面标灯光节奏	除Fl（2＋1）外任选	闪4s或闪（2）6s或闪（3）10s或快闪
推荐航道侧面标发光周期	—	6s或9s或12s
编号方法	—	按浮标习惯走向编号，也可“左双右单”编号
安全水域标	Iso、Oc、LFl或Mo（A）	不用“明暗光”
孤立危险物标灯光节奏	FL（2）	闪（2）5s

第二节　大洋航行

一、特点

（1）离岸远，气象变化大，灾害性天气较难避离。

（2）航线长，受洋流总的影响较大。

（3）对航行海区不够熟悉，一般依赖航海图书资料的介绍。

（4）大洋水深宽广，航线具有很大的选择性。

二、航线种类

（一）大圆航线

大圆航线是地球圆球体上两点之间的最短航程线。但它与所有子午线相交成不等的角度（子午线和赤道除外），即沿大圆弧航行时，必须时刻改变航向。

（二）恒向线航线

恒向线航线不是地球表面上两点之间的最短航程线（子午线和赤道除外），但在低纬度或航向接近南北时，它与大圆航线的航程相差不大。

（三）等纬圈航线

若两地在同一纬度，则沿纬度圈航行，即计划航迹向为090° 或270° 。它是恒向线航线的特例。

（四）混合航线

为了避开高纬度的航行危险区，在设置一限制纬度的情况下，采用大圆航线与等纬圈航线相结合的最短航程航线。大洋航行中，两地相距较远，根据具体情况整个航程并非采用一种固定航线。

三、航线概况

（一）北太平洋航线

1．东航

一般是顺风顺流，选择航线时可考虑这些自然条件。西航：主要是如何回避不利的自然条件。此外，理论上大圆航线航程最短，但结合气象和海洋因素，航行总时间就不一定最短。

2．气象

主要由北太平洋高压、阿留申低压、赤道低压这三个恒定气压带形成的风。此外还有由于季节的变化在大陆产生的气旋和反气旋形成的风。

3．海流

在30° N～47° N、130° E～150° W区域内，有按顺时针方向回转的北太平洋环流。环流的北部为东流，从日本一直向东到加拿大沿岸，后折向东南到南，再折向西南。环流的南部为西流，横断太平洋一直到菲律宾东岸，大部分折向西北到北，这部分西流称黑潮，黑潮经台湾省东部转向东北，再通过琉球西岸、日本南岸折向太平洋。在日本附近黑潮的流程每天可达20～60n mile。

4．季节

北太平洋的航线选择主要是由气象条件决定的，而气象条件又因季节不同而不同，因此季节不同应选择的航线也不同。

（二）印度洋航线

1．气象

东北季风：它在10月从阿拉伯海和印度西岸开始，逐渐向南延伸，12月和1月为最盛期。所以阿拉伯海西部此时有风向固定、风力达4～5级的东北风。此期间印度沿岸空气干燥、天气良好。

西南季风：4月开始从印度洋南部刮西南风，7月达到最盛期。阿拉伯海西部最大风力平均达6～7级，但在62° E以东，9° N以南风力较弱。西南季风期间一般多雨，能见度不良。季风转换期为4月和10月。

北印度洋热带偏东风很不明显。但南半球的盛行西风带比较发达，在40° S附近常达11级，有咆哮西风带之称。北印度洋的热带低气压大都发生在5、6月和10、11月，进路为西北－北西。南印度洋大都发生在11—翌年5月，最盛期1—3月。

2．海流

冬季海流：北印度洋由于东北季风流形成逆时针的环流。在南印度洋南部也是逆时针的环流，但在北部还有一个顺时针的环流。

夏季海流：印度洋北部为顺时针环流，南部则仍是逆时针环流。

3．北大西洋航线

（1）气象：北大西洋的低压整年在冰岛、格陵兰和加勒比海附近，高压则在亚速尔群岛南方，呈东西约600n mile、南北约300n mile的椭圆形。其中心在冬季约位于38° N、39° W，夏季约在36° N、32° W。

（2）海流：北赤道流的主流在15° N～20° N之间，西流至西印度群岛后转向东北成墨西哥湾流。

（3）航线：在西北欧至北美的航线上，要经过纽芬兰大滩附近。那里由于是墨西哥湾暖流和拉布拉多寒流的汇合处，整年浓雾，夏季冰山漂流，且渔船众多。为了避免这些不利条件，1974年国际海上人命安全会议忠告所有船舶，应尽可能远离大滩、远离43° N以北的纽芬兰渔场，远离冰山危险水域航行。

国际冰山巡逻服务忠告，在4月中旬之前不应进入45° 30′N以北的冰山危险区，推荐经过大滩之南42° 30′N、50° 00′W处。

四、注意事项

（一）认真推算

在大洋航行中，推算船位既是进行无线电定位等的基础，又是发现观测船位错误的重要参数，因而不可忽视航迹推算对于航行安全的重要作用。

（二）抓住每个测定船位的机会

尽管GPS、北斗具有很高的定位精度，但为了可靠起见，也应抓住其他测定船位的机会。并分析船位差产生的原因，作为继续进行航迹推算的参考。

（三）掌握转向点

在到达转向点之前，应采用一切有效手段测定船位或校验已有的观测船位，然后根据观测船位与转向点之间的航行时间或计程仪读数进行改向。

（四）注意接近海岸前的安全

（五）其他航海工作

（1）注意收听各地有关气象台的天气预报、接收气象传真图。
（2）按时收听航行海区的无线电航海警告，并及时进行必要的改正。
（3）按时拨钟。

第五章　气象学基础

本章要点：世界海洋主要雾区分布、世界狂风恶浪海域及世界大洋海流的情况。

第一节　世界海洋雾区分布

一、日本北海道东部至阿留申群岛

这一区域常年有雾，6—8月最盛。月平均雾日超过10天，雾区伸展极广，在40° N～50° N，北海道东海岸至阿留申群岛一带，弥漫一片。冬季锋面气旋活动频繁，多锋面雾。该海区位于远东—北美的大圆航线之上，夏季雾，冬季大风浪，对船舶航行影响很大。

二、北美圣劳伦斯至纽芬兰附近海面

这一海域常年有雾。这是墨西哥湾暖流与拉布拉多冷流的交汇处，每年春夏季（4—8月）雾最盛，平均每月雾日超过10天；雾区范围很大，向东延伸，可达冰岛附近海面，南北跨越20多个纬度，覆盖整个北大西洋北部的欧美航线。冬季这个区域锋面气旋活动频繁，多锋面雾，但范围不大。此外，冬季有来自高纬度的强冷空气吹来，会出现蒸汽雾。

三、挪威、西欧沿岸与冰岛之间海面

北大西洋暖流与冰岛冷流在这一带交汇，夏季雾很频。冬季，挪威和西欧沿海的锋面雾也特别多。挪威沿岸多峡谷和港湾，秋冬季节多辐射雾和

蒸汽雾。这一雾区位于北美与西北欧的主要航道上。

四、阿根廷东部、塔斯马尼亚与新西兰之间和马达加斯加南部海面

这是南半球洋面3个重要平流雾区，它们分别位于巴西暖流、东澳暖流和厄加勒斯暖流与冷性的西风漂流的汇合处。雾区均不广，多发生于夏季。此外，在40° S以南的整个中高纬度的西风漂流上终年有雾，特别是夏季（12月一翌年2月），视程良好的天数很少。

五、信风带海洋东面

加利福尼亚沿海、秘鲁和智利沿海、北非加那利海面和南非西岸海面位于信风带海洋的东面，流经沿岸的冷流受常年盛行的离岸风吹刮作用，下层冷水上翻，偶尔有暖湿气流经过这里的冷海面时也会形成雾。这些地区的雾每年春夏季较多，但范围和浓度都不大。

第二节　世界狂风恶浪海域

一、北太平洋、北大西洋中高纬度海域

冬季，在北太平洋和北大西洋30° N～60° N之间，尤其是这两大洋的西部，大浪的分布范围广、出现频率高，是两个著名的狂风恶浪海区。30° N以北海域，北太平洋波高超过3.5m的大浪频率达到20%～30%，而北大西洋最多能达到50%。

二、夏季北印度洋

夏季，北印度洋由于盛行强劲的西南风，7—8月最盛，风力可达8～9级或以上，风浪特别强大。在阿拉伯海西部，大浪频率高达74%，在世界大洋中

是大风浪频率最高的海区。

三、南半球的咆哮西风带

南半球30° S以南中高纬度海域因为终年盛行强劲的西风，故称咆哮西风带。这一区域风向稳定，风力强盛，为狂风恶浪海域。尤其是处于世界重要航道上的好望角和合恩角附近海域的风浪特别大，海面狂浪怒涛，严重影响船舶航行安全。

四、冬季比斯开湾

比斯开湾地处法国西部45° N附近，位于北半球盛行西风带。比斯开湾是通往北欧的重要航道，每年10月至翌年3月海况十分恶劣。有高达10m以上的狂涛，极不平静。

第三节 世界大洋海流

一、太平洋

（一）北太平洋

1. 南北赤道流

在东北信风和东南信风作用下，形成了两支自东向西、横贯大洋的北赤道流和南赤道流。两支流的宽度达2000km，流速0.5～1kn，靠近赤道一侧较大，可达1～2kn。南北赤道流的位置并不以赤道为对称，而是稍稍偏北。只有南印度洋的南赤道流位于10° S与南回归线之间。北印度洋海流仅在冬季出现。

2. 黑潮

北赤道流在菲律宾东方分支，主流北上称为黑潮。黑潮是世界著名的暖流，其主轴的位置、宽度和流速有明显的季节变化，宽度一般约100n mile，流速在我国东海1～2kn，在日本南部沿海3～4kn，最大5～6kn。

黑潮在中国台湾东北部、日本九州岛西南海域分离出流向中国台湾暖流与对马海流后，主轴在35° N附近又一分为二，一支流向正东，一支继续向东北。流向东北的这支在40° N附近与亲潮汇合，并一起向东流去，成为北太平洋海流。

3．亲潮

源自鄂霍次克海和白令海，沿勘察加半岛和千岛群岛向西南流动，在北海道东南约40° N处与黑潮汇合。亲潮是北太平洋上水温最低的冷流，它冬春势力强，流速0.5～1kn，夏季势力较弱。

北太平洋海流还有加利福尼亚流、阿拉斯加暖流、阿留申海流和赤道逆流。

（二）南太平洋

包括南赤道流在内，南太平洋的海流主要是由东澳暖流、西风漂流、秘鲁海流构成的一个反时针的暖水环流系统。

二、大西洋

（一）北大西洋

1．北赤道流

源于佛得角群岛，自东向西流动，属中性流。

2．圭亚那海流

南赤道流越过赤道北上的海流，流速2kn，属于暖流。

3．安的烈斯海流

沿安的烈斯群岛的外侧，大致向西北方向的海流，属于暖流。

4．墨西哥湾暖流

简称湾流，是世界上最强大的暖流。其特征是：宽度窄；流速大，在佛罗里达海峡处可大于4kn；湾流水温高，在密西西比河口附近，夏季可达

37℃，在墨西哥湾口处表面水温也可达30℃。

5. 北大西洋海流

湾流通过格兰德浅滩后，稍稍散开，在40° N附近向东北横过北大西洋称之。此海流属暖流性质，水温比周围海水高8～10℃。

此外，还有加那利海流、挪威海流和爱尔明格海流、格陵兰海流、拉布拉多海流、赤道逆流、几内亚海流等。

（二）南大西洋

南大西洋海流主要是一个反时针的暖水环流。有南赤道海流、巴西暖流、西风漂流、本格拉海流等。

三、印度洋

（一）北印度洋

北印度洋海流受季风制约，盛行季风流。冬季（10月至翌年3、4月）东北季风期，形成主要西南流。此西南流与赤道逆流相接，从而形成北印度洋冬季反时针方向的环流流系。季风流的流速为2～3 kn。夏季（5—9月）北印度洋盛行西南季风，赤道逆流消失，整个北印度洋直到5° S均为自西向东的西南季风海流。它与南赤道流构成一个顺时针环流。

（二）南印度洋

南印度洋的表层海流为一个反时针方向的环流系统。其主要由南赤道流、马达加斯加海流、莫桑比克海流、厄加勒斯海流、西风漂流、西澳海流组成。

第六章　船舶气象信息

本章要点：船舶气象信息获取途径及气象传真图概述；传真天气图、海况图、卫星云图的识读；气象传真图的应用及气象传真机的操作。

第一节　天气图基础知识

（一）天气图定义

填有各地区同一时刻气象要素观测记录，能反映某一地区、某一时刻天气状况或天气形势的特种地图。

（二）绘制过程

（1）气象资料的观测和传递。
（2）气象资料的接收和填图。
（3）天气图的分析。

（三）种类

地面天气图、高空天气图和各种辅助图表。

（四）采用时间

地面图：00，06，12，18世界时。高空图：00，12世界时。

第二节　船舶气象信息获取途径

一、气象传真图的获取

气象传真图是向船舶提供的一种简单、直观的天气图。船舶可以通过气象传真接收机适时地接收航区邻近国家传真台发布的气象传真图，以获取航行海区的天气和海况资料。

世界气象组织将全球各地的气象传真广播台划分为6个区域，即亚洲、非洲、南美洲、北美洲、西南太平洋和欧洲。共40多个发射台。

关于各气象传真广播台使用的呼号、频率、广播时间及内容细目，在英版《无线电信号表》每年第三卷可查到。

二、互联网站气象信息的获取

随着互联网（www）的发展，各种海洋气象资料通过互联网也得到了传播。

世界气象组织网址：http：//public.wmo.int/en。

中国气象局网址：http：//www.cma.gov.cn/。

中央气象台 http：//www.nmc.cn/f/alarm.html。

三、其他获取气象信息途径

海上天气预报和警报的获取还可通过相关国家的海岸电台（NAVTEX），只是相关国家播报的海域范围有所不同。1988年开始国际上更是采用了全球海上遇险与安全系统（GMDSS）。通过国际海事卫星向船舶发布气象警报和预报，是现代化GMDSS系统功能的一个组成部分。如船舶在港口附近，也可以通过无线电广播、电视、报纸、电话、VHF或国际信号旗等多种方式获取天气报告或警报。

四、船舶分析和应用气象信息

（一）天气报告的内容

各岸台按统一规定的格式和内容编发报文，完整的报文由10部分组成，通常船舶只抄收前面第一到三部分内容。

1．第一部分

警报（如大风、风暴、热带气旋、浓雾警报等）。

2．第二部分

天气形势摘要（高压、低压、锋、热带气旋等天气系统的位置、强度、移向、移速等）。

3．第三部分

海区天气预报（天空状况、天气现象、风力、风向、浪级等）。

（二）天气报告的阅读和应用

阅读天气报告时应注意广播台名称、广播时间、有效时间（世界时或地方时）和受重要天气系统影响的海域。了解不同岸台报文的习惯用法、风格和常用缩略语等。

阅读天气报告后应明确以下两个问题。

（1）目前船舶所在海域处于何天气系统及该系统的何部位控制。目前天气状况是该系统控制下的一般天气还是包括地方性特殊天气；该系统是新生的还是趋于加强或减弱，还是稳定少变等。

（2）未来的天气形势和天气状况。在未来24h内，推算船位附近海域将处于何系统及该系统的何部位控制，在该系统控制下将出现什么样天气。

第三节　气象传真图概述

一、世界气象传真广播台概况

各气象传真广播台使用的呼号、频率、广播时间和节目内容等可查阅每年印发的《无线电信号表》第三卷（*Admiralty List of Radio Signals* Vol.3）。

二、气象传真图的种类

适合航海使用的气象传真图主要有三大类：

（1）传真天气图：地面分析图（AS）、地面预报图（FS）、高空分析图（AU）和高空预报图（FU）。

（2）传真海况图：波浪分析图（AW）、波浪预报图（FW）、表层海流图（SO，FO）和海冰状况图（ST，FI）。

（3）传真卫星云图：红外（IR）云图和可见光（VIS）云图。

三、气象传真图的图题

图题一般采用如下格式（图2-2）。

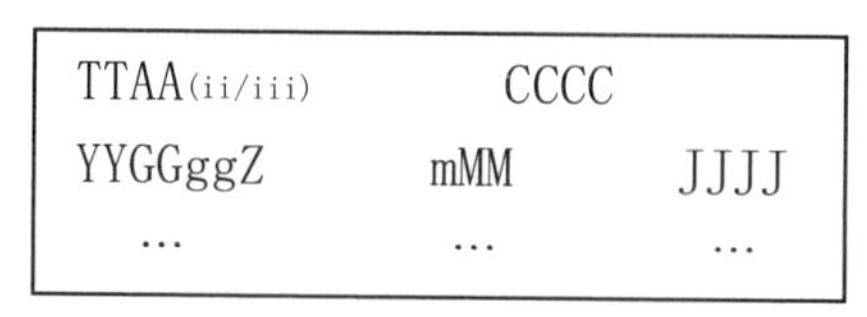

图2-2　气象传真图的图题

其中：TT—— 图类代号（表2-4）；AA—— 图区代号（见表2-5）；ii/ iii—— 同类资料图的区分代号，常用2～3个数字表示，2个数字常表示预报时效或等压面高度，3个数字表示等压面高度和预报时效，高空图图题中 ii/ iii所代表的含义详见表2-5；CCCC—— 传真台呼号。各传真台有固定的呼号，北京台为BAF，东京一台为JMH；YY—— 日期；GG—— 时；

gg—— 分；Z—— 世界时，有时用GMT表示世界时；MMM—— 月份的缩略形式；JJJJ—— 年；⋯—— 其他说明。

表2-4　常用传真图图类代号

代号	说明
A(Analysis)	分析图：
AS	地面分析　Surface analysis
AU	高空分析　Upper-air analysis
AW	海浪分析　Sea wave analysis
F（Forecast）	预报图：
FS	地面预报　Surface prognosis
FU	高空预报　Upper-air prognosis
FB	重要天气预报　Significant weather charts
FE	中期预报　Extended forecast chart
FW	海浪预报　Wave prognosis

表2-5 常用传真图图区代号

代号	说明	代号	说明
AA	南极　Antarctic	HW	夏威夷群岛　Hawaiian Islands
AC	北极　Arctic	IO	印度洋　Indian Ocean
AE	东南亚　Southeast Asia	IY	意大利　Italy
AP	非洲　Africa	LU	阿留申群岛　Aleutian Islands
AG	阿根廷　Argentina	KA	加罗林群岛　Caroline Islands
AS	亚洲　Asia	NA	北美　North America
AU	澳大利亚　Australia	NT	北大西洋　North Atlantic
BS	白令海　Bering Sea	PA	太平洋　Pacific
CH	智利　Chile	PH	菲律宾　Philippines
CI	中国　China	PN	北太平洋　North Pacific
CL	锡兰　Ceylon	PS	南太平洋　South Pacific
CN	加拿大　Canada	SA	南美　South America

续表

代号	说明	代号	说明
CU	古巴 Cuba	SJ	日本海 Sea of Japan
DL	德国 Germany	SS	南海 South China Sea
DN	丹麦 Denmark	XE	东半球 Eastern Hemisphere
EA	东亚 East Asia	XN	北半球 Northern Hemisphere
EC	东海 East China Sea	XS	南半球 Southern hemisphere
EU	欧洲 Europe	XT	热带地区 Tropical Belt
PE	远东 Far East	XW	西半球 western hemisphere
FR	法国 France	XX	其他代号不适用时 for use when other designators are not appropriate
GA	阿拉斯加湾 Gulf of Alaska		
GM	关岛 Guam		

第四节 传真天气图的识读

地面传真天气图（地面图）是航海中最常用、最基本的天气图。包括地面实况分析图（AS）和地面预报图（FS）、热带气旋警报图（WT）、高空分析图（AU）及高空预报图（FU）。

一、地面（实况）分析图（AS）

地面分析图每隔6h一次，其图时分别为世界时0000Z、0600Z、1200Z、1800Z（对应北京时08：00时、14：00时、20：00时和02：00时）。

现结合日本东京JMH台发布的气象传真图（图2-3），说明图中的主要内容、常用符号和英文缩写等含义。

（一）图题

图2-3为日本东京JMH台发布的气象传真图图题截图。

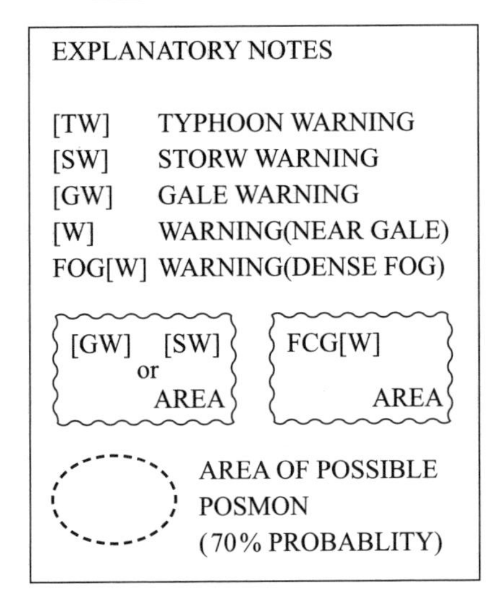

图2-3　日本东京JMH台发布的气象传真图图题截图

第一个AS为图类代号，表示地面分析。

第二个AS为图区代号，表示东亚和西北太平洋区域。

JMH为传真台呼号，表示东京一台。

第二行表示图时（世界时）；第三行为图类的英文全拼。

注意：实况分析图的图时为图上资料的观测时间，而非收图时间。

（二）单站填图资料

在站圈周围相应的位置上保留了：气温（TT）、3h气压变量和气压倾向（±PPa）、现在天气现象（WW）、过去天气现象（W）、风向（dd）、风速（ff）、总云量（N）、低云量（Nh）和高、中、低云状（CH、CM、CL）。

（三）气压系统的分布

实线为等压线，相邻两等压线间隔为4hPa；虚线为辅助等压线，与相邻实线等压线相差2hPa；每隔20hPa加粗线一根，如1000hPa、1020hPa等。

1．普通气压系统

（1）高压中心标注“H”，低压中心标注“L”。

（2）⊕或 × 表示系统中心位置。

（3）⬀10KT箭矢表示系统中心的移动方向，所注数字表示移动速度，单位kn（KT）；箭矢旁只有SLW或SLY时，表示有移向，但移速小于5kn；无箭矢只标注STNR或QSTNR或ALMOST STNR时，表示系统中心移向不定，移速小于5kn，为（准）静止系统。

（4）NEW表示新生的气压系统。

（5）UKN表示情况不明。

2．热带气旋

（1）TD为热带低压；TS为热带风暴；STS为强热带风暴；T为台风。

（2）热带气旋中心定位精度的三种情况。

①PSN GOOD—— 飞机定位，误差＜20n mile；

②PSN FAIR—— 卫星定位，误差为20～40n mile；

③PSN POOR—— 外推定位，误差＞40n mile。

（3）强风暴（热带风暴等级以上的热带气旋和风力≥10级的强锋面气旋）移动的表示方法：实线扇形区表示强风暴未来的移动方向，扇形前面的虚线圆表示气旋中心可能到达的位置，气旋中心进入虚线圆的概率为70%，虚线圆又称为风暴中心预报位置的概率圆。概率圆边上的数字表示预报日期和时间。

（四）锋

锋包括冷锋和暖锋（图2-4）。

图2-4　冷锋和暖锋

（五）警报

（1）〔W〕为一般警报（Warning），表示风力≤7级，或有必要警告提防大雾等情况。

（2）〔GW〕为大风警报（Gale Warning），风力8～9级。

（3）〔SW〕为风暴警报（Storm Warning），风力≥10级（对热带气旋，则指风力10～11级）。

（4）〔TW〕为台风警报（Typhoon Warning），风力≥12级。

（5）〔WH〕为飓风警报（Hurricane Warning），风力≥12级。

（6）〔WO〕为其他警报（Other Warning）。

（7）FOG〔W〕为浓雾警报，海面水平能见度＜1km（或0.5n mile）。

用锯齿状折线标出大风或浓雾警报海域的大致边界，以提醒船舶注意。

（六）其他文字符号

（1）PSN GOOD：定位误差小于20n mile，飞机定位。

（2）PSN FAIR：定位误差20～40n mile，卫星定位。

（3）PSN POOR：定位误差大于40n mile，外推定位。

（4）DEVELOPING LOW：正在发展的低压。

（5）DEVELOPED LOW：已发展的低压。

（6）UPGRADED FROM：由……升级为……。

（7）DOWNGRADED FROM：由……减弱为……。

（七）陆地测站填图格式

（1）TT：气温。

（2）WW：现在天气现象。

（3）VV：能见度；TdTd：露点温度。

（4）CH、CM、CL：高、中、低云状。

（5）N、Nh：总云量、低云量。

（6）h：低云高。

（7）dd、ff：风向、风速。

（8）PPP：海平面气压。

（9）PP：3h变压；a：3h气压倾向。

（10）W：过去天气现象；RR：降水量。

（八）地面图分析项目

（1）等压线：我国间隔2.5hPa；英、美、日等国间隔4hPa。

（2）高低压中心：我国用G、D；英、美、日等国用H、L。

（3）地面锋线：冷锋、暖锋、静止锋和锢囚锋。

（4）天气现象：降水绿色；雾为黄色；大风和沙尘为棕色。

（九）等高面和等压线

地表面气压的分布情况称为气压场，气压在空间分布称为空间气压场，海平面上的气压分布称为海平面气压场。气压相等的各点的连线，称为等压线。将同一时刻各个气象台、站所观测到的海平面气压值填在一张海平面高度的地图上，然后用平滑的曲线把气压相等的点连接起来，就可用等压线的不同形式表示海平面的气压分布状况，这种图称为等高面图。

二、地面预报图（FS）

地面预报图（FS）是预报未来某一时刻的地面天气形势和重要天气过程的天气图。利用该图，船舶可以做出航线天气预报。

以日本东京JMH台发布的地面24h预报图为例。图题（图2-5）中第一行FS表示地面预报，其他符号的含义同地面分析图；第二行图时2015年7月01日00时（世界时）表示预报起始时刻；第三行表示预报的未来时刻2015年7月02日00时（世界时）；第四行意思是24h地面预报（预报时效）。

一般在地面预报图中会绘出等压线的分布情况，标注气压系统的类别、中心位置和强度，还有锋的类别、位置以及热带气旋中最大风速值和大风分布情况，并在图的左上部方框中给出冰区和雾区符号的说明。该图是在数值预报的基础上，结合有经验预报员的人工订正后发出的，它对包括中国近海和日本周围海域在内的西北太平洋的短期天气预报有较高的参考价值（图2-5）。使用时应参考最近一张地面分析图和现场实测资料。

FSAS24　　JMH
010000UTC　　JUL.2015
FCST FOR 020000UTC
24HR SURFACE PROG

ICING AREA
SEA ICE AREA
FOG AREA

The above labeie are uses sithin the urea from the squator to son beteen 100E and 1BOE.

图2-5　日本东京JMH台发布的地面24h预报图图题截图

三、热带气旋警报图（WT）

图2-6中给出了热带气旋当前的实际位置和未来24h、48h和72h的预报位置。

中央气象台25日18时（世界时）第10号（0410）热带风暴南川第3次警报。

中心位置：北纬24.4°，东经148.8°，中心附近最大风速23m/s。

中心最低气压990hPa，七级风圈半径200km。

预报未来12h移向西北，移速15km/h。

24h预报：北纬27.1°，东经145.8°，中心附近最大风速33m/s。

48h预报：北纬29.3°，东经142.4°，中心附近最大风速38m/s。

72h预报：北纬30.2°，东经138.8°，中心附近最大风速40m/s。

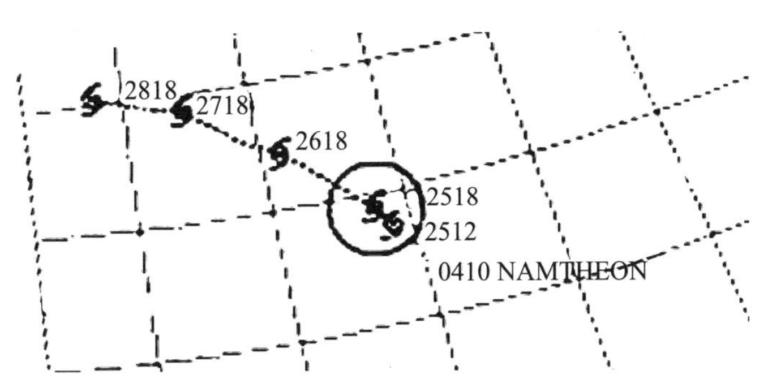

图2-6　北京BAF台发布的热带气旋警报图部分截图

热带气旋当前的实际位置：圆内风力≥10级。

预报圆（概率圆）：表示热带气旋中心未来12h、24h、48h、72h可能落入的范围，入圆率为70%，风力＜10级（用虚线表示）。

大风（≥10级）警报区：预计某些地方未来可能被≥10级大风覆盖，以预报圆外的实线同心圆表示。

当热带气旋实际风力和预报风力均小于10级时，只有预报圆（虚线）。

四、高空图

（一）高空分析图（AU）

图区代号后面常紧跟有2～3个阿拉伯数字，用以表示不同高度和时间。通常两个数字表示等压面高度，如50表示500hPa，70表示700hPa，85表示850hPa；3个数字表示等压面高度与预报时效，其中前面数字表示高度，后面数字表示时效，如852表示850h Pa24h预报，704表示700hPa 48h预报，512表示500hPa120h预报等（表2-6）。

表2-6　高空图数字代号表

代号	等压面和预报时效	代号	等压面和预报时效
85	850 hPa	509	500 hPa 96 h 预报
70	700 hPa	512	500 hPa 120 h 预报
50	500 hPa	514	500 hPa 144 h 预报
30	300 hPa	516	50 hPa 168 h 预报
852	850 hPa 24 h 预报	519	500 hPa 192 h 预报
702	700 hPa 24 h 预报	302	300 hPa 24 h 预报
502	500 hPa 24 h 预报	787	700 hPa 垂直速率和 850 hPa 温度 72 h 预报
504	500 hPa 48 h 预报	789	700 hPa 垂直速度和 850 hPa 温度 96 h 预报
507	500 hPa 72 h 预报		

实线为等高线，两相邻等高线间隔为60位势米（我国40位势米）；高、低气压中心分别标注H和L。

虚线为等温线，两相邻等温线间隔4℃；冷、暖中心分别标注C和W。

（二）高空预报图（FU）

内容同高空分析图，除单站资料外。

高空图主要有500hPa高空天气图、700hPa高空天气图、850hPa高空天气图。

第五节　传真海况图的识读

一、传真波浪图

（一）波浪分析图（AW）

波浪分析图的等波高线为实线（单位m），2m起画，两相邻等波高线间隔为1m；等波高线数据是合成波高（HE）。

为醒目起见，从4m等波高线开始，每隔4m加粗一根，如4m、8m等。

主波向为几列波并存时波高最大者的传播方向。乱波区用虚线勾勒。

观测船观测的实况为风向、风速、风浪向、风浪高、风浪周期、涌浪向、涌浪高和涌浪周期，填图格式和图例。

天气形势的标注：高、低压中心位置、强度及锋线位置；热带气旋中心位置，名称、中心气压和中心位置的具体经纬度。

（二）波浪预报图（FW）

波浪预报图的等波高线为实线（单位：m），等波高线的数值为有效波高（H1/3），由海浪理论算出主波向及个别地点主波的波高和周期。

高、低气压，热带气旋的中心位置，强度以及锋线位置等，标绘技术规定同分析图。

我国海浪预报时效为24 h。世界各国发布的波浪预报时效多为24～36h，最长72h。

二、传真海流图

海流一般变化缓慢，比较稳定，因此传真海流图的时间间隔比天气图要长得多。常见的有旬和月两种海流图，其中又有海流实况图和海流预报图之分。

（一）海流实况图（SO）

海流实况图是根据上个旬（或上个月）的海流实测资料绘出的图。图中箭矢表示流向，不同形式的箭杆表示不同流速，粗箭头表示海流的主轴位置、水平范围和流速分布等情况。

（二）海流预报图（FO）

图2-7所示为东京JMH台发布的1990年4月上旬北太平洋表层海流预报传真图。图中粗矢线和其中数字表示主轴的推算位置和流速，细实线为该旬表层海水等平均温度线，单位为摄氏度。

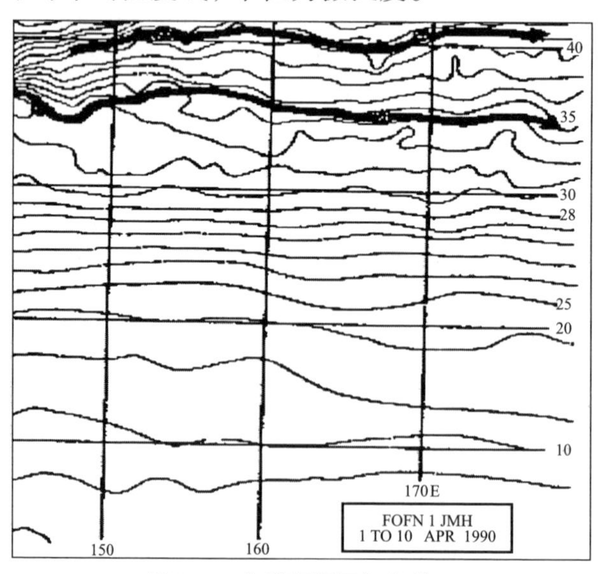

图2-7　海流预报图部分截图

三、传真冰况图

目前发布冰况图的传真广播台有日本东京、瑞典斯德哥尔摩、德国奎克博恩、英国布拉克内尔和加拿大哈利法克斯等。冰况图中简单地表示冰量、冰块的位置和可能通航的航道。图中还绘有海面等水温线，相邻两根等水温线间隔1℃。

第六节　传真卫星云图

一、概述

卫星云图分析包括以下四个部分。

(1) 云图的识别，即从云图上识别各种云和地表面的物体。

(2) 根据云图上云的大范围分布特征找出天气图上对应的各种系统。

(3) 利用卫星云图追踪系统的移动和发展。

(4) 从云图推论风和其他气象要素的分布。

二、卫星云图的识别

(一) 卫星云图种类

1. 可见光云图

在可见光波段，卫星观测仪器感应云或地表面对阳光的反射差异，图片上黑白差异表示云或地面的反照率大小，白色表示反照率大，黑色表示反照率小。通常云层越厚，反照率越大，颜色越白。阳光的照明条件相同时，同样厚度的云，水滴云比冰晶云亮。

2. 红外云图

在红外云图上，最黑的地区代表最暖的表面，最白的地区代表最冷的表面。根据色调的差异可以判断云顶的高低：色调白，温度就低，表示云顶高度高；色调黑，温度就高，表示云顶高度低。

（二）云的识别

根据云图上图像范围大小、结构形式、边界状况、色调、暗影和纹理这6方面基本特征，可识别和判断云的种类、云系和其他物象。

三、重要天气系统的识别和跟踪

（一）热带气旋

在卫星云图上，热带气旋为白色的涡旋状云系。

涡旋状云系由两部分组成：系统中心周围的浓密云区。浓密云区中的黑色无云区或浅黑色少云区为眼区；由外围旋向系统中心的弯曲或呈螺旋形的云带。

当云图上热带气旋云系形状呈“9”时，表明热带气旋向西移动；当云系形状呈“6”时，表明热带气旋向东北方向移动（北半球）。

（二）冷锋

在卫星云图上，冷锋锋区表现为一条长几千千米、宽200～300 km的白色云带。

（三）暖锋

在卫星云图上，暖锋云区表现为长几百千米、宽200～300 km的短而宽的带状云区。

（四）锋面气旋

锋面气旋处于波动阶段时，云系模式的主要特征是没有涡旋状结构。成熟阶段的云系模式的主要特征是，在靠近气旋移动方向的一侧有一条条卷云线，向外呈辐射状，这是气旋发展的标志，并且在中、高云区的后部边界表现出凹向低压中心的曲率，是即将出现干舌（即无云区）的前兆。锢囚阶段的云系模式，其典型特征是云系中出现明显的螺旋状结构，在锋面云带后面出现干舌，并逐渐伸向气旋中心。进入消亡阶段的锋面气旋，其云系特征是原涡旋云带断裂，断裂处无云。

（五）副热带高压

在卫星云图上，副高表现为一大片暗的无云或少云区，其南北两侧均为多云区（白色多）。

无云区边界一般很清楚，大致与500 hPa图上588位势米等高线一致。

副高区色调很黑，碧空无云，说明副高区内下沉运动很强；当副高减弱时，副高区颜色将变淡，表明内部云系增加。

第七节 气象传真图的应用

一、海上天气分析和预报

（一）明确目前天气形势和状况

根据地面分析图明确目前大范围以及船舶所在海区的天气形势和天气状况。

（二）恶劣天气的推报

在船舶条件下，可以直接利用所接收的地面预报图、警报图等，再结合对地面分析图分析，来推报恶劣天气的变化趋势。

（三）开阔海面上风的推算

在地面预报图上，一般不给出具体风场的预报。在这种情况下，若船舶需要知道推算船位上具体的风速和风向，则可利用地面预报图来进行。

二、利用地面预报图和表层水温图测报海雾

（一）干湿球温度表法

干球温度表读数高于湿球温度表读数，并且两者的差值有增大趋势时，则不会出现雾；若差值越来越小，则向形成雾的趋势发展，当两表读数相同或接近相同时就会出现雾；雾形成后，若干、湿球温度表的读数差又开始增大，雾就趋向消散。

（二）露点水温图解法

将船舶沿途每隔几小时连续观测到的露点温度td和表层海水温度tw值，在同一张图上点绘出两条曲线，则可根据图中两条曲线间的距离变化来判断海雾的生消趋势。

水温高于露点温度且两曲线的间距增大时，不可能有雾；若两曲线的间距减小，则成雾的可能性增大；当两曲线相交并且露点温度高于水温时，雾就快产生了。雾形成后，若水温高于露点温度且两曲线的间距增大时，则雾将趋于消散。

第八节　气象传真机的操作

以日本古野气象传真机FAX-408为例，介绍操作方法。

一、设置气象传真发播台频道进行自动接收

世界各国气象传真发播台频道可在操作说明书的“FACSIMILE STATION TABLES”中查阅。频道由3位数字组成，其中第1、2位数字为发播台频道号，第3位数为发播台频率号，当第3位数选择“*”号时，表示选择发播台所有频率。在每次修改完发播台频率后，应及时更新表中的内容。

（1）按【CH】键调出频道显示模式。

(2)按【∧】【∨】键选择3位数的气象传真发播台频道；或按【CH】，再用数字键直接输入3位数的接收频道。当第3位数选择“*”号时，表示选择发播台所有频率进行扫描接收。如选择日本东京台“C00*”频道表示选择日本东京台所有频率进行扫描接收。

(3)当日本东京台的任一频率开始发播气象图时，接收机即自动启动并打印。

二、设置气象传真发播台频道进行手动接收

(1)前三步同“设置气象传真发播台频道进行自动接收”。

(2)按【RCD】启动接收，此时显示“MANUAL START SERCHING FRAME”且【RCD】黄灯闪，如果还没开始记录再按一次【RCD】,【RCD】灯不闪而是直亮。

(3)按【RCD】停止记录且【RCD】灯灭。

三、设置定时接收时间

(1)按【PRG】键显示设置模式。

(2)按【2】键调出定时接收设置模式。

(3)按【4】键选择“STR”, 并调出“存储定时接收”设置。

(4)用【▲/▼】键选择定时编程号，如R1（有16个定时编程号选择，按顺序分别为R0-R9，RA-RF)，然后按【E】键确认，并调出定时接收的发播台“频道选择”设置。

(5)输入定时接收的发播台3位数频道号, 然后按【E】键确认。

(6)用【▲/▼】键选择定时接收日期, 按【E】键确认。

(7)输入定时接收的起始和停止时间。

(8)按【E】键确认, 按【C】键退出定时编程。

(9)设置另一个定时时间重复步骤(1)-(8)项。

四、启动定时接收

(1)按【PRG】键和【2】键进入定时接收设置模式。

（2）按【2】键选择ON，调出“定时接收”选择。

（3）用【▲/▼】键选择已设置的定时编程号，按【>】键激活定时接收。

（4）重复第（3）步可选择激活其他定时。

（5）选择完所有定时编程号后按【E】键确认并退出。

五、更改气象传真发播台频率

当气象传真发播台频率改变时，必须及时更改，并在操作说明书“气象传真发播台频道表”中作相应更改。

（1）按【PRG】键，再按【4】键调出“频道编程”设置。

（2）输入需要更改的频道号（如002——东京台，JMH/13988.5kHz），按【E】键确认。

（3）用【∧】【∨】【<】【>】键设置台号（如：JMH），按【E】键确认调出频率设置。

（4）输入更改后的新频率，按【E】键确认。

（5）选择合适的速度（1-120，2-90，3-60；正常为1），按【E】键确认。

（6）选择合适的IOC（1-576，2-288；正常为1），按【E】键确认。

（7）按【1】键选择正常图像接收格式。

（8）按【E】键确认更改，按【C】键退出。

六、设置日期和时间

（1）按【PRG】键，再按【5】。

（2）按【▲/▼】键设置月份，按【E】键确认。

（3）输入两位数字设置日期，按【E】键确认。

（4）用【▲/▼】键选择星期，按【E】键确认。

（5）输入两位数的年份，按【E】键确认。

（6）输入四位数的时间（24h制），按【E】键确认。

（7）按【C】键退出。

参考文献

[1]王晓晴，蒋琅，胡波华. 远洋渔业法规[M]. 上海：上海科学技术出版社，2002.

[2]黄硕林，唐议. 渔业法规与渔政管理[M]. 北京：中国农业出版社，2010.

[3]陈锦淘，张福祥，陈柏桦. 远洋驾驶业务[M]. 北京：中国农业出版社，2017.

[4]浙江省海洋与渔业局编. 驾驶[M]. 北京：中国农业出版社，2010.

[5]黄硕林. 海洋法与渔业法规[M]. 北京：中国农业出版社，1999.

[6]屈广清，曲波. 海洋法[M]. 北京：中国人民大学出版社，2017.

[7]郭禹. 航海学[M]. 大连：大连海事大学出版社，2011.

[8]中国海事服务中心组织编审. 航海学[M]. 北京：人民交通出版社，2008.

[9]吴金龙，张世良，李超. 航海气象学与海洋学[M]. 大连：大连海事大学出版社，2019.

[10]张永宁. 航海气象学与海洋学[M]. 大连：大连海事大学出版社，2011.